DO CÉU

O livro é a porta que se abre para a realização do homem.

Jair Lot Vieira

ARISTÓTELES

DO CÉU

TRADUÇÃO, TEXTOS ADICIONAIS E NOTAS
EDSON BINI
Estudou Filosofia na Faculdade de Filosofia,
Letras e Ciências Humanas da USP.
É tradutor há mais de 40 anos.

Copyright da tradução e desta edição © 2014 by Edipro Edições Profissionais Ltda.

Todos os direitos reservados. Nenhuma parte deste livro poderá ser reproduzida ou transmitida de qualquer forma ou por quaisquer meios, eletrônicos ou mecânicos, incluindo fotocópia, gravação ou qualquer sistema de armazenamento e recuperação de informações, sem permissão por escrito do editor.

Grafia conforme o novo Acordo Ortográfico da Língua Portuguesa.

1ª edição, 1ª reimpressão 2019.

Editores: Jair Lot Vieira e Maíra Lot Vieira Micales
Coordenação editorial: Fernanda Godoy Tarcinalli
Tradução, textos adicionais e notas: Edson Bini
Editoração: Alexandre Rudyard Benevides
Revisão do grego: Lilian Sais
Revisão: Carlos Valero
Arte: Heloise Gomes Basso

Dados Internacionais de Catalogação na Publicação (CIP)
(Câmara Brasileira do Livro, SP, Brasil)

Aristóteles (384-322 a.C.)

    Do céu / Aristóteles; tradução, textos adicionais e notas Edson Bini. 1. ed. – São Paulo : Edipro, 2014. (Série Clássicos Edipro)

    Títulos originais: ΠΕΡΙ ΟΥΡΑΝΟΥ
    ISBN 978-85-7283-760-6

    1. Aristóteles 2. Filosofia antiga I. Título. II. Série.

12-10821   CDD-185

Índices para catálogo sistemático:
1. Aristóteles : Obras filosóficas : 185
2. Filosofia aristotélica : 185

São Paulo: (11) 3107-4788 • Bauru: (14) 3234-4121
www.edipro.com.br • edipro@edipro.com.br
@editoraedipro   @editoraedipro

SUMÁRIO

APRESENTAÇÃO | 7

CONSIDERAÇÕES DO TRADUTOR | 11

DADOS BIOGRÁFICOS | 13

ARISTÓTELES: SUA OBRA | 21

CRONOLOGIA | 39

LIVRO I | 41

LIVRO II | 97

LIVRO III | 149

LIVRO IV | 183

APRESENTAÇÃO

APESAR DA GENIALIDADE FILOSÓFICA e do talento literário de Platão, foi somente com Aristóteles que o conhecimento ocidental recebeu uma sistematização.

Aristóteles ocupou-se de todo o espectro do conhecimento de seu tempo. O que chamava de ciência (ἐπιστήμη [*epistéme*]) era cada setor ou disciplina da filosofia.

Assim, a biologia, a zoologia, a botânica, a fisiologia, a medicina, as matemáticas (astronomia, aritmética, geometria e harmonia), a meteorologia, a história, a geografia, bem como a física (que chama expressivamente na sua terminologia de *filosofia segunda*), a metafísica (na sua terminologia, *a filosofia primeira*), a psicologia, a epistemologia, a linguística, a economia, a antropologia, a ética e a política aninham-se no bojo de um sistema filosófico, ou seja, constituíam partes comunicantes de um todo que era a filosofia.

Na medida de nossa percepção bastante limitada do saber antigo (inclusive helênico), em função do pouco que a nós chegou, estamos autorizados a afirmar que Aristóteles foi o sistematizador do saber ocidental.

Esse saber, evidentemente, cresceu e acumulou-se depois do Estagirita. A partir, sobretudo, da Idade Moderna, o espectro do conhecimento expandiu-se enormemente, ocorrendo no Ocidente um avanço sem precedentes.

Esse espectro, ademais, sofreu uma alteração radical do prisma da forma de sua sistematização ou organização: as ciências foram compartimentadas, nascendo a especialização. Por outro lado, aquilo que o Esta-

8 | DO CÉU

girita encarava e abordava como disciplinas filosóficas intercomunicantes adquiriu independência e autonomia. Surgiu, com base no conceito moderno de ciência, a distinção capital entre ciência e filosofia. A classificação moderna do conhecimento distinguiu basicamente entre *ciências biológicas* (biologia, fisiologia, medicina e muitas outras especializações e ramificações), *ciências exatas* (geometria, aritmética, álgebra e física, entre outras especializações e ramificações) e *ciências humanas* (antropologia, psicologia, ética, política e outras compartimentações).

O domínio da filosofia, assim como sua importância, foram reduzidos drasticamente; a filosofia foi reduzida, a nos exprimirmos grosso modo, à epistemologia (teoria do conhecimento), à lógica – para Aristóteles o instrumento (ὄργανον [*órganon*]) das ciências, e não propriamente uma ciência – e à metafísica.

São os novos valores do conhecimento. Numa metáfora singela, foi como se as filhas da filosofia, as ciências, se rebelassem com sua mãe e senhora, dela se libertassem, ganhassem poder e hegemonia e impusessem à mãe destronada uma função, segundo os novos valores, menor e subalterna.

Todavia, a despeito de tudo isso, a lógica formal, por exemplo, criação de Aristóteles, permaneceu e permanece ainda hoje como instrumento das ciências.

No âmbito das ciências humanas ou sociais (incluindo os rebentos mais novos da filosofia, como o direito e a sociologia), especialmente em vinculação com a metafísica, a ética e a política, o pensamento aristotélico mantém-se vivo e manifestamente na ordem do dia.

Inevitavelmente, no que respeita à esfera que denominamos modernamente das ciências biológicas e aquela das ciências exatas, as teorias aristotélicas declinaram e alcançaram o crepúsculo. Seu valor histórico, contudo, é, em primeiro lugar, inestimável: seguramente não haveria ciência moderna e contemporânea (inclusive a assombrosa tecnologia de ponta que conhecemos tão bem e de que usufruímos no século XXI) sem as reflexões, investigações e doutrinas do Estagirita; em segundo lugar, as, por assim dizer, "teorias físicas" de Aristóteles (no âmbito, digamos, da física propriamente dita, da astronomia, da meteorologia e da geologia) e as "teorias biológicas" (no âmbito da biologia, da zoologia e da fisiologia,

APRESENTAÇÃO | 9

entre outras), como partes necessárias do sistema do pensamento filosófico de Aristóteles, têm de ser estudadas para a compreensão do todo desse sistema, que principiando nas tais ciências biológicas e físicas encontra seu clímax e encerramento nas ciências humanas e sociais, com a ética e a política aristotélicas, que resistem ao açoite do tempo.

Por essas duas razões, a se somarem à iniciativa e realização desta Editora de publicar as Obras Completas de Aristóteles, disponibilizamos agora a tradução do tratado *Do Céu*.

É quase certo o título *Do Céu* (περί οὐρανοῦ [*perí oyranoý*]) ter sido introduzido pelos editores antigos, não tendo sido dado pelo próprio Aristóteles. Os latinos, posteriormente, traduziram-no literalmente, ou seja, por *De caelo*.

Esse tratado, cujo objeto é a *cosmologia* (κοσμολογία [*kosmología*]), palavra que poderíamos traduzir por "estudo do universo ordenado", o que corresponde essencialmente ao que chamamos modernamente de astronomia, guarda estreita proximidade com a *Física*, de cuja leitura e estudo não prescinde, até porque sua compreensão depende de conceitos fundamentais contidos e explicados na *Física*; também está intimamente aparentado ao *Da Geração e Corrupção* e à *Meteorologia*. Discorrendo sobre corpos e fenômenos celestes, além de fenômenos físicos, Aristóteles executa a crítica à teoria cosmogônica contida no *Timeu* de Platão, e apresenta sua teoria cosmológica geral com base em sua doutrina dos cinco elementos: o éter (elemento superior e imperecível) e os quatro elementos inferiores (fogo, ar, terra e água) perecíveis da região sublunar que se produzem entre si, e naquela da finitude e eternidade do universo; Aristóteles aborda ainda a questão da geração e corrupção.

CONSIDERAÇÕES DO
TRADUTOR

PARA ESTA TRADUÇÃO, tomamos por base o texto estabelecido de Immanuel Bekker. Amparamo-nos, ademais, ocasionalmente nas orientações de outros ilustres helenistas.

O estilo de Aristóteles, como já comentamos alhures, na medida em que seus textos são majoritariamente transcrições de aulas (e não propriamente textos originalmente redigidos para publicação) revela-se (a somar-se à postura e perfil "científicos" do Estagirita) geralmente seco e compacto, às vezes reiterativo, às vezes, pelo contrário, lacunar. Nada da beleza e elegância literárias dos escritos de seu mestre Platão.

Em *Do Céu*, alterando nosso usual método de tradução, em lugar de tentarmos traduzir na mediania literalidade/paráfrase (mais ou menos equidistantes de uma e outra) procuramos, numa certa maneira, alternar literalidade e paráfrase, devido às dificuldades peculiares de *Do Céu*. O resultado, descontadas as limitações do tradutor, será estimado pelo leitor.

As notas têm geralmente cunho meramente informativo e elucidativo, raramente crítico, mas devem ser consideradas como extensões necessárias de nossa tradução, que se configura sempre como tradução *anotada*. Por vezes reproduzimos frases ou até períodos inteiros em grego nas notas, o que possibilita ao leitor conhecedor da língua, num grau ou outro, apreciar mais intimamente o texto, comparar e, eventualmente, conceber sua própria tradução. Nosso procedimento minimiza, ainda que modestamente, a ausência de um texto bilíngue.

Os eventuais termos entre colchetes buscam completar conjeturalmente ideias na ocorrência de hiatos que comprometem ou mesmo impossibilitam a compreensão.

À margem esquerda das páginas é indicada a numeração da edição referencial de Immanuel Bekker, de 1831, utilíssima para facilitar as consultas.

Resta pedir ao leitor – legítimo juiz de nosso trabalho e razão de ser dele – que expresse sua opinião, críticas e sugestões – contribuição, para nós, de sumo valor, que possibilitará o aprimoramento de edições futuras, e pela qual desde já agradecemos.

DADOS
BIOGRÁFICOS

ARISTÓTELES NASCEU EM ESTAGIRA, cidade localizada no litoral noroeste da península da Calcídia, cerca de trezentos quilômetros a norte de Atenas. O ano de seu nascimento é duvidoso – 385 ou, mais provavelmente, 384 a.c.

Filho de Nicômaco e Féstias, seu pai era médico e membro da fraternidade ou corporação dos *Asclepíades* (Ἀσκληπιάδαι, ou seja, *filhos ou descendentes de Asclépios*, o deus da medicina). A arte médica era transmitida de pai para filho.

Médico particular de Amintas II (rei da Macedônia e avô de Alexandre), Nicômaco morreu quando Aristóteles tinha apenas sete anos, tendo desde então o menino sido educado por seu tio Proxeno.

Os fatos sobre a infância, a adolescência e a juventude de Aristóteles são escassos e dúbios. Presume-se que, durante o brevíssimo período que conviveu com o pai, este o tenha levado a Pela, capital da Macedônia ao norte da Grécia, e tenha sido iniciado nos rudimentos da medicina pelo pai e o tio. O fato indiscutível e relevante é que, aos 17 ou 18 anos, o jovem Estagirita se transferiu para Atenas e durante cerca de dezenove anos frequentou a *Academia* de Platão, deixando-a somente após a morte do mestre em 347 a.C., embora Diógenes Laércio (o maior dos biógrafos de Aristóteles, na antiguidade) afirme que ele a deixou enquanto Platão ainda era vivo.

Não há dúvida de que Aristóteles desenvolveu laços de amizade com seu mestre e foi um de seus discípulos favoritos. Mas foi Espeusipo que herdou a direção da Academia.

O leitor nos permitirá aqui uma ligeira digressão.

Espeusipo, inspirado no último e mais extenso diálogo de Platão (*As Leis*), conferiu à Academia um norteamento franca e profundamente marcado pelo orfismo pitagórico, o que resultou na rápida transformação da Academia platônica em um estabelecimento em que predominava o estudo e o ensino das matemáticas, trabalhando-se mais elementos de reflexão e princípios pitagóricos do que propriamente platônicos.

Divergindo frontalmente dessa orientação matematizante e mística da filosofia, Aristóteles abandonou a Academia acompanhado de outro discípulo de Platão, Xenócrates, o qual, contudo, retornaria posteriormente à Academia, aliando-se à orientação pitagorizante de Espeusipo, mas desenvolvendo uma concepção própria.

Os "fatos" que se seguem imediatamente se acham sob uma nuvem de obscuridade, dando margem a conjeturas discutíveis.

Alguns autores pretendem que, logo após ter deixado a Academia, Aristóteles abriu uma Escola de retórica com o intuito de concorrer com a famosa Escola de retórica de Isócrates. Entre os discípulos do Estagirita estaria o abastado Hérmias, que pouco tempo depois se tornaria tirano de Atarneu (ou Aterna), cidade-Estado grega na região da Eólida.

Outros autores, como o próprio Diógenes Laércio, preferem ignorar a hipótese da existência de tal Escola e não entrar em minúcias quanto às circunstâncias do início do relacionamento entre Aristóteles e Hérmias.

Diógenes Laércio limita-se a afirmar que alguns supunham que o eunuco Hérmias era um favorito de Aristóteles, e outros, diferentemente, sustentam que o relacionamento e o parentesco criados entre eles foram devidos ao casamento de Aristóteles com Pítia – filha adotiva, irmã ou sobrinha de Hérmias – não se sabe ao certo.

Um terceiro partido opta por omitir tal Escola e associa o encontro de Aristóteles com Hérmias indiretamente a dois discípulos de Platão e amigos do Estagirita, a saber, Erasto e Corisco, que haviam redigido uma Constituição para Hérmias e recebido apoio deste para fundar uma Escola platônica em Assos, junto a Atarneu.

O fato incontestável é que nosso filósofo (Aristóteles) conheceu o rico Hérmias, durante três anos ensinou na Escola platônica de Assos, patrocinada por ele, e em 344 a.C. desposou Pítia.

DADOS BIOGRÁFICOS | 15

Nessa Escola, nosso filósofo conheceu Teofrasto, que se tornaria o maior de seus discípulos. Pertence a esse período incipiente o primeiro trabalho filosófico de Aristóteles: *Da Filosofia*.

Após a invasão de Atarneu pelos persas e o assassinato de Hérmias, ocasião em que, segundo alguns autores, Aristóteles salvou a vida de Pítia providenciando sua fuga, dirigiu-se ele a Mitilene na ilha de Lesbos. Pouco tempo depois (em 343 ou 342 a.c.), aceitava a proposta de Filipe II para ser o preceptor de seu filho, Alexandre (então com treze anos) mudando-se para Pela. Na fase de Pela, o Estagirita escreveu duas obras que só sobreviveram fragmentariamente e em caráter transitório: *Da Monarquia* e *Da Colonização*. Nosso filósofo teria iniciado, também nesse período, a colossal *Constituições*, contendo a descrição e o estudo de 158 (ou, ao menos, 125) formas de governo em prática em toda a Grécia (desse alentadíssimo trabalho só restou para a posteridade a *Constituição de Atenas*).

Depois de haver subjugado várias cidades helênicas da costa do mar Egeu, e inclusive ter destruído Estagira (que ele próprio permitiria depois que fosse reconstruída por Aristóteles), Filipe II finalmente tomou Atenas e Tebas na célebre batalha de Queroneia, em 338 a.C.

Indiferente a esses fatos militares e políticos, o Estagirita prosseguiu como educador de Alexandre até a morte de Filipe e o início do reinado de Alexandre (335 a.C.). Retornou então a Atenas e fundou nesse mesmo ano sua Escola no Λύκειον (*Lýkeion – Liceu*), que era um ginásio localizado no nordeste de Atenas, junto ao templo de Apolo Lício, deus da luz, ou Λύκειος (*Lýkeios –* literalmente, *destruidor de lobos*).

O Liceu (já que o lugar emprestou seu nome à Escola de Aristóteles) situava-se em meio a um bosque (consagrado às Musas e a Apolo Lício) e era formado por um prédio, um jardim e uma alameda adequada ao passeio de pessoas que costumavam realizar uma *conversação caminhando* (περίπατος – *perípatos*), daí a filosofia aristotélica ser igualmente denominada filosofia *peripatética,* e sua Escola, Escola *peripatética*, referindo-se à tal alameda e especialmente ao hábito de o Estagirita e seus discípulos andarem por ali discutindo questões filosóficas.

A despeito de estar em Atenas, nosso filósofo permanecia informado das manobras político-militares de Alexandre por meio do chanceler macedônio e amigo, Antipater.

O período do Liceu (335-323 a.C.) foi, sem qualquer dúvida, o mais produtivo e fecundo na vida do filósofo de Estagira. Ele conjugava uma intensa atividade intelectual entre o ensino na Escola e a redação de suas obras. Durante a manhã, Aristóteles ministrava aulas restritas aos discípulos mais avançados, os chamados cursos *esotéricos* ou *acroamáticos*, os quais versavam geralmente sobre temas mais complexos e profundos de lógica, matemática, física e metafísica. Nos períodos vespertino e noturno, Aristóteles dava cursos abertos, acessíveis ao grande público (*exotéricos*), via de regra, de dialética e retórica. Teofrasto e Eudemo, seus principais discípulos, atuavam como assistentes e monitores, reforçando a explicação das lições aos discípulos e as anotando para que o mestre, com base nelas, redigisse depois suas obras.

A distinção entre cursos esotéricos e exotéricos e a consequente separação dos discípulos não eram motivadas por qualquer diferença entre um ensino secreto místico, reservado apenas a *iniciados,* e um ensino meramente religioso, ministrado aos profanos, nos moldes, por exemplo, das instituições dos pitagóricos.

Essa distinção era puramente pragmática, no sentido de organizar os cursos por nível de dificuldade (didática) e, sobretudo, restringir os cursos exotéricos àquilo que despertava o interesse da grande maioria dos atenienses, a saber, a dialética e a retórica.

Nessa fase áurea do Liceu, nosso filósofo também montou uma biblioteca incomparável, constituída por centenas de manuscritos e mapas, e um museu, que era uma combinação de jardim botânico e jardim zoológico, com uma profusão de espécimes vegetais e animais oriundos de diversas partes do Império de Alexandre Magno.

Que se acresça, a propósito, que o *curriculum* para o aprendizado que Aristóteles fixou nessa época para o Liceu foi a base para o *curriculum* das Universidades europeias durante mais de dois mil anos, ou seja, até o século XIX.

A morte prematura de Alexandre em 323 a.C. trouxe à baila novamente, como trouxera em 338 na derrota de Queroneia, um forte ânimo patriótico em Atenas, encabeçado por Demóstenes (o mesmo grande orador que insistira tanto no passado recente sobre a ameaça de Filipe). Isso, naturalmente, gerou um acentuado e ardente sentimento antimacedônico.

Como era de se esperar, essa animosidade atingiu todos os gregos que entretinham, de um modo ou outro, relações com os macedônios.

Nosso filósofo viu-se, então, em uma situação bastante delicada, pois não apenas residira em Pela durante anos, cuidando da educação do futuro senhor do Império, como conservara uma correspondência regular com Antipater (braço direito de Alexandre), com quem estreitara um fervoroso vínculo de amizade. As constantes e generosas contribuições de Alexandre ao acervo do Liceu (biblioteca e museu) haviam passado a ser observadas com desconfiança, bem como a amizade "suspeita" do aristocrático e conservador filósofo que nunca ocultara sua antipatia pela democracia ateniense e que, às vezes, era duro na sua crítica aos próprios atenienses, como quando teria dito que "os atenienses criaram o trigo e as leis, mas enquanto utilizam o primeiro, esquecem as segundas".

Se somarmos ainda a esse campo minado sob os pés do Estagirita o fato de o Liceu ser rivalizado pela nacionalista Academia de Espeusipo e a democrática Escola de retórica de Isócrates, não nos espantaremos ao constatar que, muito depressa, os cidadãos atenienses começaram a alimentar em seus corações a suspeita de que Aristóteles era um *traidor*.

Segundo Diógenes Laércio, Aristóteles teria sido mesmo acusado de impiedade (cometendo-a ao render culto a um mortal e o divinizando) pelo sumo sacerdote Eurimédon ou por Demófilo.

Antes que sucedesse o pior, o sisudo e imperturbável pensador optou pelo exílio voluntário e abandonou seu querido Liceu e Atenas em 322 ou 321 a.C., transferindo-se para Cálcis, na Eubeia, terra de sua mãe. No Liceu o sucederam Teofrasto, Estráton, Lícon de Troas, Dicearco, Aristóxeno e Aríston de Cós.

Teria dito que agia daquela maneira "para evitar que mais um crime fosse perpetrado contra a filosofia", referindo-se certamente a Sócrates.

Mas viveria pouquíssimo em Cálcis. Morreu no mesmo ano de 322 ou 321 a.C., aos 63 anos, provavelmente vitimado por uma enfermidade gástrica de que sofria há muito tempo. Diógenes Laércio supõe, diferentemente, que Aristóteles teria se suicidado tomando cicuta, exatamente o que Sócrates tivera que ingerir, um mês após sua condenação à morte.

Aristóteles foi casado uma segunda vez (Pítia encontrara a morte pouco depois do assassinato de seu protetor, o tirano Hérmias) com Hérpile, uma jovem, como ele, de Estagira, e que lhe deu uma filha e o filho Nicômaco.

18 | DO CÉU

O testamenteiro de Aristóteles foi Antipater, e reproduzimos aqui seu testamento conforme Diógenes Laércio, que declara em sua obra *Vida, Doutrina e Sentenças dos Filósofos Ilustres* "(...) haver tido a sorte de lê-lo (...)":

"Tudo sucederá para o melhor, mas, na ocorrência de alguma fatalidade, são registradas aqui as seguintes disposições de vontade de Aristóteles. Antipater será, para todos os efeitos, meu testamenteiro. Até a maioridade de Nicanor, desejo que Aristomeno, Timarco, Hiparco, Dióteles e Teofrasto (se aceitar e estiver capacitado para esta responsabilidade) sejam os tutores e curadores de meus filhos, de Hérpile e de todos os meus bens. Uma vez alcance minha filha a idade necessária, que seja concedida como esposa a Nicanor. Se algum mal abater-se sobre ela – prazam os deuses que não – antes ou depois de seu casamento, antes de ter filhos, caberá a Nicanor deliberar sobre meu filho e sobre meus bens, conforme a ele pareça digno de si e de mim. Nicanor assumirá o cuidado de minha filha e de meu filho Nicômaco, zelando para que nada lhes falte, sendo para eles tal como um pai e um irmão. Caso venha a suceder algo antes a Nicanor – que seja afastado para distante o agouro – antes ou depois de ter casado com minha filha, antes de ter filhos, todas as suas deliberações serão executórias, e se, inclusive, for o desejo de Teofrasto viver com minha filha, que tudo seja como parecer melhor a Nicanor. Em caso contrário, os tutores decidirão com Antipater a respeito de minha filha e de meu filho, segundo o que lhes afigure mais apropriado. Deverão ainda os tutores e Nicanor considerar minhas relações com Hérpile (pois foi-me ela leal) e dela cuidar em todos os aspectos. Caso ela deseje um esposo, cuidarão para que seja concedida a um homem que não seja indigno de mim.

A ela deverão entregar, além daquilo que já lhe dei, um talento de prata retirado de minha herança, três escravas (se as quiser), a pequena escrava que já possuía e o pequeno Pirraio; e se desejar viver em Cálcis, a ela será dada a casa existente no jardim; se Estagira for de sua preferência, a ela caberá a casa de meus pais. De qualquer maneira, os tutores mobiliarão a casa do modo que lhes parecer mais próprio e satisfatório a Hérpile. A Nicanor também caberá a tarefa de fazer retornar dignamente à casa de seus pais o meu benjamim Myrmex, acompanhado de todos os dons que dele recebi. Que Ambracis seja libertada, dando-se-lhe por ocasião do casamento de minha filha quinhentas dracmas, bem como a menina que ela mantém como serva. A Tales dar-se-á, somando-se à menina que adquiriu, mil dracmas e uma pequena escrava. Para Simão, além do dinheiro que já lhe foi entregue para a compra de um escravo, deverá ser comprado um outro ou dar-lhe dinheiro. Tácon será libertado no dia da celebração do casamento de minha filha, e juntamente com ele Fílon, Olímpio e seu filho. Proíbo que quaisquer dos escravos que estavam a meu serviço sejam vendidos, mas que sejam empregados; serão conservados até atingirem idade suficiente para serem libertados como mostra de recompensa por seu merecimento. Cuidar-se-ão também das estátuas que encomendei a Grilion. Uma vez prontas, serão consagradas. Essas estátuas são aquelas de Nicanor, de Proxeno, que era desígnio fazer, e a da mãe de Nicanor. A de Arimnesto, cuja confecção já findou, será consagrada para o não desaparecimento de sua memória, visto que morreu sem filhos. A imagem de minha mãe será instalada no templo de Deméter em Nemeia (sendo a esta deusa dedicada) ou noutro lugar que for preferido. De uma maneira ou de outra, as ossadas de Pítia, como era seu desejo, deverão ser depositadas no local em que meu túmulo for erigido. Enfim, Nicanor, se preservado entre vós (conforme o voto que realizei em seu nome), consagrará as estátuas de pedra de quatro côvados de altura a Zeus salvador e à Atena salvadora em Estagira.".

ARISTÓTELES:
SUA OBRA

A OBRA DE ARISTÓTELES FOI TÃO VASTA e diversificada que nos permite traçar uma pequena história a seu respeito.

Mas antes disso devemos mencionar algumas dificuldades ligadas à bibliografia do Estagirita, algumas partilhadas por ele com outras figuras célebres da Antiguidade e outras que lhe são peculiares.

A primeira barreira que nos separa do Aristóteles *integral*, por assim dizer, é o fato de muitos de seus escritos não terem chegado a nós ou – para nos situarmos no tempo – à aurora da Era Cristã e à Idade Média.

A quase totalidade dos trabalhos de outros autores antigos, como é notório, teve o mesmo destino, particularmente as obras dos filósofos pré-socráticos. A preservação de manuscritos geralmente únicos ao longo de séculos constituía uma dificuldade espinhosa por razões bastante compreensíveis e óbvias.

No que toca a Aristóteles, há obras que foram perdidas na sua íntegra; outras chegaram a nós parciais ou muito incompletas; de outras restaram apenas fragmentos; outras, ainda, embora estruturalmente íntegras, apresentam lacunas facilmente perceptíveis ou mutilações.

Seguramente, entre esses escritos perdidos existem muitos cujos assuntos tratados nem sequer conhecemos. De outros estamos cientes dos temas. Vários parecem definitivamente perdidos e outros são atualmente objeto de busca.

Além do esforço despendido em tal busca, há um empenho no sentido de reconstituir certas obras com base nos fragmentos.

É quase certo que boa parte da perda irreparável da obra aristotélica tenha sido causada pelo incêndio da Biblioteca de Alexandria, em que foram consumidos tratados não só de pensadores da época de Aristóteles (presumivelmente de Epicuro, dos estoicos, dos céticos etc.), como também de pré-socráticos e de filósofos gregos dos séculos III e II a.c., como dos astrônomos Eratóstenes e Hiparco, que atuavam brilhante e devotadamente na própria Biblioteca. Mais tarde, no fim do século IV d.C., uma multidão de cristãos fanáticos invadiu e depredou a Biblioteca, ocorrendo mais uma vez a destruição de centenas de manuscritos. O coroamento da fúria dos ignorantes na sua intolerância religiosa contra o imenso saber helênico (paganismo) ocorreu em 415 d.C., quando a filósofa (astrônoma) Hipácia, destacada docente da Biblioteca, foi perseguida e lapidada por um grupo de cristãos, que depois arrastaram seu corpo mutilado pelas ruas de Alexandria.

Uma das obras consumidas no incêndio supracitado foi o estudo que Aristóteles empreendeu sobre, no mínimo, 125 governos gregos.

Juntam-se, tristemente, a esse monumental trabalho irremediavelmente perdido: uma tradução especial do poeta Homero que Aristóteles teria executado para seu pupilo Alexandre; um estudo sobre belicismo e direitos territoriais; um outro sobre as línguas dos povos bárbaros; e quase todas as obras *exotéricas* (poemas, epístolas, diálogos etc.).

Entre os achados tardios, deve-se mencionar a *Constituição de Atenas*, descoberta só muito recentemente, no século XIX.

Quanto aos escritos incompletos, o exemplo mais conspícuo é a *Poética*, em cujo texto, de todas as artes poéticas que nosso filósofo se propõe a examinar, as únicas presentes são a tragédia e a poesia épica.

Outra dificuldade que afeta a obra de Aristóteles, esta inerente ao próprio filósofo, é a diferença de caráter e teor de seus escritos, os quais são classificados em *exotéricos* e *acroamáticos* (ou *esotéricos*), aos quais já nos referimos, mas que requerem aqui maior atenção.

Os exotéricos eram os escritos (geralmente sob forma de epístolas, diálogos e transcrições das palestras de Aristóteles com seus discípulos e principalmente das aulas públicas de retórica e dialética) cujo teor não era tão profundo, sendo acessíveis ao público em geral e versando especialmente sobre retórica e dialética. Os acroamáticos ou esotéricos eram precisamente os escritos de conteúdo mais aprofundado, minucioso e complexo (mais propriamente filosóficos, versando sobre física, metafísica, ética, política etc.), e que, durante o período no qual predominou em Atenas uma disposição marcantemente antimacedônica, circulavam exclusivamente nas mãos dos discípulos e amigos do Estagirita.

Até meados do século I a.c., as obras conhecidas de Aristóteles eram somente as exotéricas. As acroamáticas ou esotéricas permaneceram pelo arco das existências do filósofo, de seus amigos e discípulos sob o rigoroso controle destes, destinadas apenas à leitura e ao estudo deles mesmos. Com a morte dos integrantes desse círculo aristotélico fechado, as obras acroamáticas (por certo o melhor do Estagirita) ficaram mofando em uma adega na casa de Corisco por quase 300 anos.

O resultado inevitável disso, como se pode facilmente deduzir, é que por todo esse tempo julgou-se que o pensamento filosófico de Aristóteles era apenas o que estava contido nos escritos exotéricos, que não só foram redigidos no estilo de Platão (epístolas e diálogos), como primam por questionamentos tipicamente platônicos, além de muitos deles não passarem, a rigor, de textos rudimentares ou meros esboços, falhos tanto do ponto de vista formal e redacional quanto carentes de critério expositivo, dificilmente podendo ser considerados rigorosamente como *tratados* filosóficos.

Foi somente por volta do ano 50 a.C. que descobriram que na adega de Corisco não havia *unicamente* vinho.

Os escritos acroamáticos foram, então, transferidos para Atenas e, com a invasão dos romanos, nada apáticos em relação à cultura grega, enviados a Roma.

Nessa oportunidade, Andrônico de Rodes juntou os escritos acroamáticos aos exotéricos, e o mundo ocidental se deu conta do verdadeiro filão do pensamento aristotélico, reconhecendo sua originalidade e envergadura. O Estagirita, até então tido como um simples discípulo de Platão, assumiu sua merecida importância como grande pensador capaz de ombrear-se com o próprio mestre.

Andrônico de Rodes conferiu ao conjunto da obra aristotélica a organização que acatamos basicamente até hoje. Os escritos exotéricos, entretanto, agora ofuscados pelos acroamáticos, foram preteridos por estes, descurados e acabaram desaparecendo quase na sua totalidade.

24 | DO CÉU

A terceira dificuldade que nos furta o acesso à integridade da obra aristotélica é a existência dos *apócrifos* e dos *suspeitos*.

O próprio volume imenso da obra do Estagirita acena para a possibilidade da presença de colaboradores entre os seus discípulos mais chegados, especialmente Teofrasto. Há obras de estilo e terminologia perceptivelmente diferentes dos correntemente empregados por Aristóteles, entre elas a famosa *Problemas* (que trata dos temas mais diversos, inclusive a magia), a *Economia* (síntese da primeira parte da *Política*) e *Do Espírito*, sobre fisiologia e psicologia, e que não deve ser confundida com *Da Alma*, certamente de autoria exclusiva de Aristóteles.

O maior problema, contudo, ao qual foi submetida a obra aristotélica, encontra sua causa no tortuoso percurso linguístico e cultural de que ela foi objeto até atingir a Europa cristã.

Apesar do enorme interesse despertado pela descoberta dos textos acroamáticos ou esotéricos em meados do último século antes de Cristo, o mundo culto ocidental (então, a Europa) não demoraria a ser tomado pela fé cristã e a seguir pela cristianização oficial estabelecida pela Igreja, mesmo ainda sob o Império romano.

A cristianização do Império romano permitiu aos poderosos Padres da Igreja incluir a filosofia grega no contexto da manifestação pagã, convertendo o seu cultivo em prática herética. A filosofia aristotélica foi condenada e seu estudo posto na ilegalidade. Entretanto, com a divisão do Império romano em 385 d.C., o *corpus aristotelicum* composto por Andrônico de Rodes foi levado de Roma para Alexandria.

Foi no Império romano do Oriente (Império bizantino) que a obra de Aristóteles voltou a ser regularmente lida, apreciada e finalmente *traduzida*... para o árabe (língua semita que, como sabemos, não entretém qualquer afinidade com o grego) a partir do século X.

Portanto, o *primeiro* Aristóteles *traduzido* foi o dos grandes filósofos árabes, particularmente Avicena (*Ibn Sina*, morto em 1036) e Averróis (*Ibn Roschd*, falecido em 1198), ambos exegetas de Aristóteles, sendo o último considerado o mais importante dos *peripatéticos árabes* da Espanha, e *não* o da latinidade representada fundamentalmente por Santo Tomás de Aquino.

Mas, voltando no tempo, ainda no século III, os Padres da Igreja (homens de ferro, como Tertuliano, decididos a consolidar institucionalmente o cristianismo oficial a qualquer custo) concluíram que a filosofia helênica, em lugar de ser combatida, poderia se revelar um poderoso instrumento para a legitimação e o fortalecimento intelectual da doutrina cristã. Porém, de que filosofia grega dispunham em primeira mão? Somente do neoplatonismo e do estoicismo, doutrinas filosóficas gregas que, de fato, se mostravam conciliáveis com o cristianismo, especialmente o último, que experimentara uma séria continuidade romana graças a figuras como Sêneca, Epíteto e o imperador Marco Aurélio Antonino.

Sob os protestos dos representantes do neoplatonismo (Porfírio, Jâmblico, Proclo etc.), ocorreu uma apropriação do pensamento grego por parte da Igreja. Situação delicadíssima para os últimos filósofos gregos, que, se por um lado podiam perder suas cabeças por sustentar a distinção e/ou oposição do pensamento grego ao cristianismo, por outro tinham de admitir o fato de muitos de seus próprios discípulos estarem se convertendo a ele, inclusive através de uma tentativa de compatibilizá-lo não só com Platão, como também com Aristóteles, de modo a torná-los "aceitáveis" para a Igreja.

Assim, aquilo que ousaremos chamar de *apropriação do pensamento filosófico grego* foi encetado inicialmente pelos próprios discípulos dos neoplatônicos, e se consubstanciou na conciliação do cristianismo (mais exatamente a teologia cristã que principiava a ser construída e estruturada naquela época) primeiramente com o platonismo, via neoplatonismo, e depois com o aristotelismo, não tendo sido disso pioneiros nem os grandes vultos da patrística (São Justino, Clemente de Alexandria, Orígenes e mesmo Santo Agostinho) relativamente a Platão, nem aqueles da escolástica (John Scot Erigene e Santo Tomás de Aquino) relativamente a Aristóteles.

A primeira consequência desse "remanejamento" filosófico foi nivelar Platão com Aristóteles. Afinal, não se tratava de estudar a fundo e exaustivamente os grandes sistemas filosóficos gregos – os pragmáticos Padres da Igreja viam o vigoroso pensamento helênico meramente como um precioso veículo a atender seu objetivo, ou seja, propiciar fundamento e conteúdo filosóficos à incipiente teologia cristã.

Os discípulos cristãos dos neoplatônicos não tiveram, todavia, acesso aos manuscritos originais do *corpus aristotelicum*.

Foi por meio da conquista militar da península ibérica e da região do mar Mediterrâneo pelas tropas cristãs, inclusive durante as Cruzadas, que os cristãos voltaram a ter contato com as obras do Estagirita, precisamen-

26 | DO CÉU

te por intermédio dos *infiéis*, ou seja, tiveram acesso às *traduções e paráfra-ses* árabes (e mesmo hebraicas) a que nos referimos anteriormente.

A partir do século XII começaram a surgir as primeiras traduções latinas (latim erudito) da obra de Aristóteles. Conclusão: o Aristóteles linguística e culturalmente original, durante séculos, jamais frequentou a Europa medieval.

Tanto Andrônico de Rodes, no século I a.C., ao estabelecer o *corpus aris-totelicum,* quanto o neoplatônico Porfírio, no século III, ressaltaram nesse *corpus* o Ὄργανον (*Órganon* – série de tratados dedicados à lógica, ou me-lhor, à *Analítica*, no dizer de Aristóteles) e sustentaram a ampla divergência doutrinária entre os pensamentos de Platão e de Aristóteles. Os discípulos cristãos dos neoplatônicos, a partir da alvorada do século III, deram realce à lógica, à física e à retórica, e levaram a cabo a proeza certamente falaciosa de conciliar os dois maiores filósofos da Grécia. Quanto aos estoicos romanos, também prestigiaram a lógica aristotélica, mas deram destaque à ética, não nivelando Aristóteles com Platão, mas os aproximando.

O fato é que a Igreja obteve pleno êxito no seu intento, graças à inteli-gência e à sensibilidade agudas de homens como o bispo de Hipona, Auré-lio Agostinho (Santo Agostinho – 354-430 d.C.) e o dominicano oriundo de Nápoles, Tomás de Aquino (Santo Tomás – 1224-1274), que se reve-laram vigorosos e fecundos teólogos, superando o papel menor de meros intérpretes e *aproveitadores* das originalíssimas concepções gregas.

Quanto a Aristóteles, a Igreja foi muito mais além e transformou *il filosofo* (como Aquino o chamava) na suma e única autoridade do conhe-cimento, com o que, mais uma vez, utilizava o pensamento grego para alicerçar os dogmas da cristandade e, principalmente, respaldar e legiti-mar sua intensa atividade política oficial e extraoficial, caracterizada pelo autoritarismo e pela centralização do poder em toda a Europa.

Se, por um lado, o Estagirita sentir-se-ia certamente lisonjeado com tal posição, por outro, quem conhece seu pensamento sabe que também certamente questionaria o próprio *conceito* de autoridade exclusiva do conhecimento.

Com base na clássica ordenação do *corpus aristotelicum* de Andrônico de Rodes, pode-se classificar os escritos do Estagirita da maneira que se segue (note-se que esta relação não corresponde exatamente ao extenso elenco elaborado por Diógenes Laércio posteriormente no século III d.C. e que nela não se cogita a questão dos apócrifos e suspeitos).

1. Escritos sob a influência de Platão, mas já detendo caráter crítico em relação ao pensamento platônico:[*]

— *Poemas*;[*]

— *Eudemo* (diálogo cujo tema é a alma, abordando a imortalidade, a reminiscência e a imaterialidade);

— *Protrépticos*[*] (epístola na qual Aristóteles se ocupa de metafísica, ética, política e psicologia);

— *Da Monarquia*;[*]

— *Da Colonização*;[*]

— *Constituições*;[*]

— *Da Filosofia*[*] (diálogo constituído de três partes: a *primeira*, histórica, encerra uma síntese do pensamento filosófico desenvolvido até então, inclusive o pensamento egípcio; a *segunda* contém uma crítica à teoria das Ideias de Platão; e a *terceira* apresenta uma exposição das primeiras concepções aristotélicas, onde se destaca a concepção do *Primeiro Motor Imóvel*);

— *Metafísica*[*] (esboço e porção da futura Metafísica completa e definitiva);

— *Ética a Eudemo* (escrito parcialmente exotérico que, exceto pelos Livros IV, V e VI, será substituído pelo texto acroamático definitivo *Ética a Nicômaco*);

— *Política*[*] (esboço da futura *Política*, no qual já estão presentes a crítica à República de Platão e a teoria das três formas de governo originais e puras e as três derivadas e degeneradas);

— *Física*[*] (esboço e porção – Livros I e II – da futura *Física*; já constam aqui os conceitos de matéria, forma, potência, ato e a doutrina do movimento);

— *Do Céu* (nesta obra, Aristóteles faz a crítica ao *Timeu* de Platão e estabelece os princípios de sua cosmologia com a doutrina dos cinco elementos e a doutrina da eternidade do mundo e sua finitude espacial; trata ainda do tema da geração e corrupção).

(*). Os asteriscos indicam os escritos perdidos após o primeiro século da Era Cristã e quase todos exotéricos; das 125 (ou 158) *Constituições*, a de Atenas (inteiramente desconhecida de Andrônico de Rodes) foi descoberta somente em 1880.

2. Escritos da maturidade (principalmente desenvolvidos e redigidos no período do Liceu – 335 a 323 a.C.):

— A *Analítica* ou *Órganon*, como a chamaram os bizantinos por ser o Ὄργανον (instrumento, veículo, ferramenta e propedêutica) das ciências (trata da lógica – regras do pensamento correto e científico, sendo composto por seis tratados, a saber: Categorias, Da Interpretação, Analíticos Anteriores, Analíticos Posteriores, Tópicos e Refutações Sofísticas);

— *Física* (não contém um único tema, mas vários, entrelaçando e somando oito Livros de física, quatro de cosmologia [intitulados *Do Céu*], dois que tratam especificamente da geração e corrupção, quatro de meteorologia [intitulados *Dos Meteoros*], Livros de zoologia [intitulados *Da Investigação sobre os Animais, Da Geração dos Animais, Da Marcha dos Animais, Do Movimento dos Animais, Das Partes dos Animais*] e três Livros de psicologia [intitulados *Da Alma*]);

— *Metafísica* (termo cunhado por Andrônico de Rodes por mero motivo organizatório, ou seja, ao examinar todo o conjunto da obra aristotélica, no século I a.C., notou que esse tratado se apresentava *depois* [μετά] do tratado da *Física*) (é a obra em que Aristóteles se devota à filosofia primeira ou filosofia teológica, quer dizer, à ciência que investiga as causas primeiras e universais do ser, *o ser enquanto ser;* o tratado é composto de quatorze Livros);

— *Ética a Nicômaco* (em dez Livros, trata dos principais aspectos da ciência da ação individual, a ética, tais como o bem, as virtudes, os vícios, as paixões, os desejos, a amizade, o prazer, a dor, a felicidade etc.);

— *Política* (em oito Livros, trata dos vários aspectos da ciência da ação do indivíduo como animal social (*político*): a família e a economia, as doutrinas políticas, os conceitos políticos, o caráter dos Estados e dos cidadãos, as formas de governo, as transformações e revoluções nos Estados, a educação do cidadão etc.);

— *Retórica*[*] (em três Livros);

— *Poética* (em um Livro, mas incompleta).

(*). Escrito exotérico, mas não perdido.

A relação que transcrevemos a seguir, de Diógenes Laércio (século III), é muito maior, e esse biógrafo, como o organizador do *corpus aristotelicum*, não se atém à questão dos escritos perdidos, recuperados, adulterados, mutilados, e muito menos ao problema dos apócrifos e suspeitos, que só vieram efetivamente à tona a partir do helenismo moderno. O critério classificatório de Diógenes é, também, um tanto diverso daquele de Andrônico e ele faz o célebre introito elogioso a Aristóteles, a saber:

"Ele escreveu um vasto número de livros que julguei apropriado elencar, dada a excelência desse homem em todos os campos de investigação:

— *Da Justiça*, quatro Livros;

— *Dos Poetas*, três Livros;

— *Da Filosofia*, três Livros;

— *Do Político*, dois Livros;

— *Da Retórica* ou *Grylos*, um Livro;

— *Nerinto*, um Livro;

— *Sofista*, um Livro;

— *Menexeno*, um Livro;

— *Erótico*, um Livro;

— *Banquete*, um Livro;

— *Da Riqueza*, um Livro;

— *Protréptico*, um Livro;

— *Da Alma*, um Livro;

— *Da Prece*, um Livro;

— *Do Bom Nascimento*, um Livro;

— *Do Prazer*, um Livro;

— *Alexandre*, ou *Da Colonização*, um Livro;

— *Da Realeza*, um Livro;

— *Da Educação*, um Livro;

— *Do Bem*, três Livros;

— *Excertos de As Leis de Platão*, três Livros;

— *Excertos da República de Platão*, dois Livros;

— *Economia*, um Livro;

— *Da Amizade*, um Livro;

— *Do ser afetado ou ter sido afetado*, um Livro;

— *Das Ciências*, dois Livros;

— *Da Erística*, dois Livros;

— *Soluções Erísticas*, quatro Livros;

— *Cisões Sofísticas*, quatro Livros;

— *Dos Contrários*, um Livro;

— *Dos Gêneros e Espécies*, um Livro;

— *Das Propriedades*, um Livro;

— *Notas sobre os Argumentos*, três Livros;

— *Proposições sobre a Excelência*, três Livros;

— *Objeções*, um Livro;

— *Das coisas faladas de várias formas ou por acréscimo*, um Livro;

— *Dos Sentimentos* ou *Do Ódio*, um Livro;

— *Ética*, cinco Livros;

— *Dos Elementos*, três Livros;

— *Do Conhecimento*, um Livro;

— *Dos Princípios*, um Livro;

— *Divisões*, dezesseis Livros;

— *Divisão*, um Livro;

— *Da Questão e Resposta*, dois Livros;

— *Do Movimento*, dois Livros;

— *Proposições Erísticas*, quatro Livros;

— *Deduções*, um Livro;

— *Analíticos Anteriores*, nove Livros;

— *Analíticos Posteriores*, dois Livros;

— *Problemas*, um Livro;

— *Metódica*, oito Livros;

— *Do mais excelente*, um Livro;

— *Da Ideia*, um Livro;

— *Definições Anteriores aos Tópicos*, um Livro;

— *Tópicos*, sete Livros;

— *Deduções*, dois Livros;

— *Deduções e Definições*, um Livro;

— *Do Desejável e Dos Acidentes*, um Livro;

— *Pré-tópicos*, um Livro;

— *Tópicos voltados para Definições*, dois Livros;

— *Sensações*, um Livro;

— *Matemáticas*, um Livro;

— *Definições*, treze Livros;

— *Argumentos*, dois Livros;

— *Do Prazer*, um Livro;

— *Proposições*, um Livro;

— *Do Voluntário*, um Livro;

— *Do Nobre*, um Livro;

— *Teses Argumentativas*, vinte e cinco Livros;

— *Teses sobre o Amor*, quatro Livros;

— *Teses sobre a Amizade*, dois Livros;

— *Teses sobre a Alma*, um Livro;

— *Política*, dois Livros;

— *Palestras sobre Política* (como as de Teofrasto), oito Livros;

— *Dos Atos Justos*, dois Livros;

— *Coleção de Artes*, dois Livros

— *Arte da Retórica*, dois Livros;

— *Arte*, um Livro;

— *Arte* (uma outra obra), dois Livros;

— *Metódica*, um Livro;

— *Coleção da Arte de Teodectes*, um Livro;

— *Tratado sobre a Arte da Poesia*, dois Livros;

— *Entimemas Retóricos*, um Livro;

— *Da Magnitude*, um Livro;

— *Divisões de Entimemas*, um Livro;

— *Da Dicção*, dois Livros;

— *Dos Conselhos*, um Livro;

— *Coleção*, dois Livros;

— *Da Natureza*, três Livros;

— *Natureza*, um Livro;

— *Da Filosofia de Árquitas*, três Livros;

— *Da Filosofia de Espeusipo e Xenócrates*, um Livro;

— *Excertos do Timeu e dos Trabalhos de Árquitas*, um Livro;

— *Contra Melisso*, um Livro;

— *Contra Alcmeon*, um Livro;

— *Contra os Pitagóricos*, um Livro;

— *Contra Górgias*, um Livro;

— *Contra Xenófanes*, um Livro;

— *Contra Zenão*, um Livro;

— *Dos Pitagóricos*, um Livro;

— *Dos Animais*, nove Livros;

— *Dissecações*, oito Livros;

— *Seleção de Dissecações*, um Livro;

— *Dos Animais Complexos*, um Livro;

— *Dos Animais Mitológicos*, um Livro;

— *Da Esterilidade*, um Livro;

— *Das Plantas*, dois Livros

— *Fisiognomonia*, um Livro;

— *Medicina*, dois Livros;

— *Das Unidades*, um Livro;

— *Sinais de Tempestade*, um Livro;

— *Astronomia*, um Livro;

— *Ótica*, um Livro;

— *Do Movimento*, um Livro;

— *Da Música*, um Livro;

— *Memória*, um Livro;

— *Problemas Homéricos*, seis Livros;

— *Poética*, um Livro;

— *Física* (por ordem alfabética), trinta e oito Livros;

ARISTÓTELES: SUA OBRA | 33

— *Problemas Adicionais*, dois Livros;

— *Problemas Padrões*, dois Livros;

— *Mecânica*, um Livro;

— *Problemas de Demócrito*, dois Livros;

— *Do Magneto*, um Livro;

— *Conjunções dos Astros*, um Livro;

— *Miscelânea*, doze Livros;

— *Explicações* (ordenadas por assunto), catorze Livros;

— *Afirmações*, um Livro;

— *Vencedores Olímpicos*, um Livro;

— *Vencedores Pítios na Música*, um Livro;

— *Sobre Píton*, um Livro;

— *Listas dos Vencedores Pítios*, um Livro;

— *Vitórias em Dionísia*, um Livro;

— *Das Tragédias*, um Livro;

— *Didascálias*, um Livro;

— *Provérbios*, um Livro;

— *Regras para os Repastos em Comum*, um Livro;

— *Leis*, quatro Livros;

— *Categorias*, um Livro;

— *Da Interpretação*, um Livro;

— *Constituições de 158 Estados* (ordenadas por tipo: democráticas, oligárquicas, tirânicas, aristocráticas);

— *Cartas a Filipe*;

— *Cartas sobre os Selimbrianos*;

— *Cartas a Alexandre* (4), *a Antipater* (9), *a Mentor* (1), *a Aríston* (1), *a Olímpias* (1), *a Hefaístion* (1), *a Temistágoras* (1), *a Filoxeno* (1), *a Demócrito* (1);

— *Poemas*;

— *Elegias*.

Curiosamente, esse elenco gigantesco não é, decerto, exaustivo, pois, no mínimo, duas outras fontes da investigação bibliográfica de Aristóteles apontam títulos adicionais, inclusive alguns dos mais importantes da lavra do Estagirita, como a *Metafísica* e a *Ética a Nicômaco*. Uma delas é a *Vita Menagiana*, cuja conclusão da análise acresce:

— *Peplos*;

— *Problemas Hesiódicos*, um Livro;

— *Metafísica*, dez Livros;

— *Ciclo dos Poetas*, três Livros;

— *Contestações Sofísticas ou Da Erística*;

— *Problemas dos Repastos Comuns*, três Livros;

— *Da Bênção, ou por que Homero inventou o gado do sol?*;

— *Problemas de Arquíloco, Eurípides, Quoirilos*, três Livros;

— *Problemas Poéticos*, um Livro;

— *Explicações Poéticas*;

— *Palestras sobre Física*, dezesseis Livros;

— *Da Geração e Corrupção*, dois Livros;

— *Meteorológica*, quatro Livros;

— *Da Alma*, três Livros;

— *Investigação sobre os Animais*, dez Livros;

— *Movimento dos Animais*, três Livros;

— *Partes dos Animais*, três Livros;

— *Geração dos Animais*, três Livros;

— *Da Elevação do Nilo*;

— *Da Substância nas Matemáticas*;

— *Da Reputação*;

— *Da Voz*;

— *Da Vida em Comum de Marido e Mulher*;

— *Leis para o Esposo e a Esposa*;

— *Do Tempo*;

— *Da Visão*, dois Livros;

— *Ética a Nicômaco*;

— *A Arte da Eulogia*;

— *Das Coisas Maravilhosas Ouvidas*;

— *Da Diferença*;

— *Da Natureza Humana*;

— *Da Geração do Mundo*;

— *Costumes dos Romanos*;

— *Coleção de Costumes Estrangeiros*.

A *Vida de Ptolomeu*, por sua vez, junta os títulos a seguir:

— *Das Linhas Indivisíveis*, três Livros;

— *Do Espírito*, três Livros;

— *Da Hibernação*, um Livro;

— *Magna Moralia*, dois Livros;

— *Dos Céus e do Universo*, quatro Livros;

— *Dos Sentidos e Sensibilidade*, um Livro;

— *Da Memória e Sono*, um Livro;

— *Da Longevidade e Efemeridade da Vida*, um Livro;

— *Problemas da Matéria*, um Livro;

— *Divisões Platônicas*, seis Livros;

— *Divisões de Hipóteses*, seis Livros;

— *Preceitos*, quatro Livros;

— *Do Regime*, um Livro;

— *Da Agricultura*, quinze Livros;

— *Da Umidade*, um Livro;

— *Da Secura*, um Livro;

— *Dos Parentes*, um Livro.

A contemplar essa imensa produção intelectual (a maior parte da qual irreversivelmente desaparecida ou destruída), impossível encarar a questão central dos apócrifos e dos suspeitos como polêmica. Trata-se, apenas, de um fato cultural em que possam se debruçar especialistas e eruditos. Nem se o gênio de Estagira dispusesse dos atuais recursos de preparação e produção editoriais (digitação eletrônica, impressão a *laser*, *scanners* etc.) e não meramente de redatores e copiadores de manuscritos, poderia produzir isolada e individualmente uma obra dessa extensão e magnitude, além do que, que se frise, nos muitos apócrifos indiscutíveis, o pensamento filosófico ali contido *persiste* sendo do intelecto brilhante de um só homem: Aristóteles; ou seja, se a forma e a redação não são de Aristóteles, o conteúdo certamente é.

36 | DO CÉU

A relação final a ser apresentada é do que dispomos hoje de Aristóteles, considerando-se as melhores edições das obras completas do Estagirita, baseadas nos mais recentes estudos e pesquisas dos maiores helenistas dos séculos XIX e XX. À exceção da *Constituição de Atenas*, descoberta em 1880 e dos *Fragmentos*, garimpados e editados em inglês por W. D. Ross em 1954, essa relação corresponde *verbatim* àquela da edição de Immanuel Bekker (que permanece padrão e referencial), surgida em Berlim em 1831. É de se enfatizar que este elenco, graças ao empenho de Bekker (certamente o maior erudito aristotelista de todos os tempos) encerra também uma ordem provável, ou ao menos presumível, do desenvolvimento da reflexão peripatética ou, pelos menos, da redação das obras (insinuando certa continuidade), o que sugere um excelente guia e critério de estudo para aqueles que desejam ler e se aprofundar na totalidade da obra aristotélica, mesmo porque a interconexão e progressão das disciplinas filosóficas (exemplo: *economia – ética – política*) constituem parte indubitável da técnica expositiva de Aristóteles. Disso ficam fora, obviamente, a *Constituição de Atenas* e os *Fragmentos*. Observe-se, contudo, que a ordem a seguir não corresponde exatamente à ordem numérica progressiva do conjunto das obras.

Eis a relação:

— *Categorias* (ΚΑΤΗΓΟΡΙΑΙ);

— *Da Interpretação* (ΠΕΡΙ ΕΡΜΗΝΕΙΑΣ);

— *Analíticos Anteriores* (ΑΝΑΛΥΤΙΚΩΝ ΠΡΟΤΕΡΩΝ);

— *Analíticos Posteriores* (ΑΝΑΛΥΤΙΚΩΝ ΥΣΤΕΡΩΝ);

— *Tópicos* (ΤΟΠΙΚΑ);

— *Refutações Sofísticas* (ΠΕΡΙ ΣΟΦΙΣΤΙΚΩΝ ΕΛΕΓΧΩΝ);

    Obs.: o conjunto desses seis primeiros tratados é conhecido como *Órganon* (ΟΡΓΑΝΟΝ).

— *Da Geração e Corrupção* (ΠΕΡΙ ΓΕΝΕΣΕΩΣ ΚΑΙ ΦΘΟΡΑΣ);

— *Do Universo* (ΠΕΡΙ ΚΟΣΜΟΥ);[*]

— *Física* (ΦΥΣΙΚΗ);

— *Do Céu* (ΠΕΡΙ ΟΥΡΑΝΟΥ);

— *Meteorologia* (ΜΕΤΕΩΡΟΛΟΓΙΚΩΝ);

— *Da Alma* (ΠΕΡΙ ΨΥΧΗΣ);

(*). Suspeito.

ARISTÓTELES: SUA OBRA | 37

— *Do Sentido e dos Sensíveis* (ΠΕΡΙ ΑΙΣΘΗΣΕΩΣ ΚΑΙ ΑΙΣΘΗΤΩΝ);

— *Da Memória e da Revocação* (ΠΕΡΙ ΜΝΗΜΗΣ ΚΑΙ ΑΝΑΜΝΗΣΕΩΣ);

— *Do Sono e da Vigília* (ΠΕΡΙ ΥΠΝΟΥ ΚΑΙ ΕΓΡΗΓΟΡΣΕΩΣ);

— *Dos Sonhos* (ΠΕΡΙ ΕΝΥΠΝΙΩΝ);

— *Da Divinação no Sono* (ΠΕΡΙ ΤΗΣ ΚΑΘ´ΥΠΝΟΝ ΜΑΝΤΙΚΗΣ);

— *Da Longevidade e da Efemeridade da Vida* (ΠΕΡΙ ΜΑΚΡΟΒΙΟΤΗΤΟΣ ΚΑΙ ΒΡΑΧΥΒΙΟΤΗΤΟΣ);

— *Da Juventude e da Velhice. Da Vida e da Morte* (ΠΕΡΙ ΝΕΟΤΗΤΟΣ ΚΑΙ ΓΗΡΩΣ. ΠΕΡΙ ΖΩΗΣ ΚΑΙ ΘΑΝΑΤΟΥ);

— *Da Respiração* (ΠΕΡΙ ΑΝΑΠΝΟΗΣ);

Obs.: o conjunto dos oito últimos pequenos tratados é conhecido pelo título latino *Parva Naturalia.*

— *Do Alento* (ΠΕΡΙ ΠΝΕΥΜΑΤΟΣ);[*]

— *Da Investigação sobre os Animais* (ΠΕΡΙ ΤΑ ΖΩΑ ΙΣΤΟΡΙΑΙ);

— *Das Partes dos Animais* (ΠΕΡΙ ΖΩΩΝ ΜΟΡΙΩΝ);

— *Do Movimento dos Animais* (ΠΕΡΙ ΖΩΩΝ ΚΙΝΗΣΕΩΣ);

— *Da Marcha dos Animais* (ΠΕΡΙ ΠΟΡΕΙΑΣ ΖΩΩΝ);

— *Da Geração dos Animais* (ΠΕΡΙ ΖΩΩΝ ΓΕΝΕΣΕΩΣ);

— *Das Cores* (ΠΕΡΙ ΧΡΩΜΑΤΩΝ);[*]

— *Das Coisas Ouvidas* (ΠΕΡΙ ΑΚΟΥΣΤΩΝ);[*]

— *Fisiognomonia* (ΦΥΣΙΟΓΝΩΜΟΝΙΚΑ);[*]

— *Das Plantas* (ΠΕΡΙ ΦΥΤΩΝ);[*]

— *Das Maravilhosas Coisas Ouvidas* (ΠΕΡΙ ΘΑΥΜΑΣΙΩΝ ΑΚΟΥΣΜΑΤΩΝ);[*]

— *Mecânica* (ΜΗΧΑΝΙΚΑ);[*]

— *Das Linhas Indivisíveis* (ΠΕΡΙ ΑΤΟΜΩΝ ΓΡΑΜΜΩΝ);[*]

— *Situações e Nomes dos Ventos* (ΑΝΕΜΩΝ ΘΕΣΕΙΣ ΚΑΙ ΠΡΟΣΗΓΟΡΙΑΙ);[*]

— *Sobre Melisso, sobre Xenófanes e sobre Górgias* (ΠΕΡΙ ΜΕΛΙΣΣΟΥ, ΠΕΡΙ ΞΕΝΟΦΑΝΟΥΣ, ΠΕΡΙ ΓΟΡΓΙΟΥ);[*]

(*). Suspeito.

— *Problemas* (ΠΡΟΒΛΗΜΑΤΑ);[**]
— *Retórica a Alexandre* (ΡΗΤΟΡΙΚΗ ΠΡΟΣ ΑΛΕΞΑΝΔΡΟΝ);[*]
— *Metafísica* (ΤΑ ΜΕΤΑ ΤΑ ΦΥΣΙΚΑ);
— *Economia* (ΟΙΚΟΝΟΜΙΚΑ);[**]
— *Magna Moralia* (ΗΘΙΚΑ ΜΕΓΑΛΑ);[**]
— *Ética a Nicômaco* (ΗΘΙΚΑ ΝΙΚΟΜΑΧΕΙΑ);
— *Ética a Eudemo* (ΗΘΙΚΑ ΕΥΔΗΜΕΙΑ);
— *Das Virtudes e dos Vícios* (ΠΕΡΙ ΑΡΕΤΩΝ ΚΑΙ ΚΑΚΙΩΝ);[*]
— *Política* (ΠΟΛΙΤΙΚΑ);
— *Retórica* (ΤΕΧΝΗ ΡΗΤΟΡΙΚΗ);
— *Poética* (ΠΕΡΙ ΠΟΙΗΤΙΚΗΣ);
— *Constituição de Atenas* (ΑΘΗΝΑΙΩΝ ΠΟΛΙΤΕΙΑ);[***]
— Fragmentos.[****]

---

[*]. Suspeito.

[**]. Apócrifo.

[***]. Ausente na edição de 1831 de Bekker e sem sua numeração, já que este tratado só foi descoberto em 1880.

[****]. Ausente na edição de 1831 de Bekker e sem sua numeração, uma vez que foi editado em inglês somente em 1954 por W. D. Ross.

CRONOLOGIA

AS DATAS (A.C.) AQUI RELACIONADAS SÃO, em sua maioria, aproximadas, e os eventos indicados contemplam apenas os aspectos filosófico, político e militar.

481 – Criada a confederação das cidades-Estado gregas comandada por Esparta para combater o inimigo comum: os persas.

480 – Os gregos são fragorosamente derrotados pelos persas nas Termópilas (o último reduto de resistência chefiado por Leônidas de Esparta e seus *trezentos* é aniquilado); a acrópole é destruída; no mesmo ano, derrota dos persas em Salamina pela esquadra chefiada pelo ateniense Temístocles.

479 – Fim da guerra contra os persas, com a vitória dos gregos nas batalhas de Plateia e Micale.

478-477 – A Grécia é novamente ameaçada pelos persas; formação da *Liga Délia*, dessa vez comandada pelos atenienses.

469 – Nascimento de Sócrates em Atenas.

468 – Os gregos derrotam os persas no mar.

462 – Chegada de Anaxágoras de Clazomena a Atenas.

462-461 – Promoção do governo democrático em Atenas.

457 – Atenas conquista a Beócia.

456 – Conclusão da construção do templo de Zeus em Olímpia.

447 – O Partenon começa ser construído.

444 – Protágoras de Abdera redige uma legislação para a nova colônia de Túrio.

431 – Irrompe a Guerra do Peloponeso entre Atenas e Esparta.

429 – Morte de Péricles.

427 – Nascimento de Platão em Atenas.

421 – Celebrada a paz entre Esparta e Atenas.

419 – Reinício das hostilidades entre Esparta e Atenas.

418 – Derrota dos atenienses na batalha de Mantineia.

413 – Nova derrota dos atenienses na batalha de Siracusa.

405 – Os atenienses são mais uma vez derrotados pelos espartanos na Trácia.

404 – Atenas se rende a Esparta.

399 – Morte de Sócrates.

385 – Fundação da Academia de Platão em Atenas.

384 – Nascimento de Aristóteles em Estagira.

382 – Esparta toma a cidadela de Tebas.

378 – Celebradas a paz e a aliança entre Esparta e Tebas.

367 – Chegada de Aristóteles a Atenas.

359 – Ascensão ao trono da Macedônia de Filipe II e começo de suas guerras de conquista e expansão.

347 – Morte de Platão.

343 – Aristóteles se transfere para a Macedônia e assume a educação de Alexandre.

338 – Filipe II derrota os atenienses e seus aliados na batalha de Queroneia, e a conquista da Grécia é concretizada.

336 – Morte de Filipe II e ascensão de Alexandre ao trono da Macedônia.

335 – Fundação do Liceu em Atenas.

334 – Alexandre derrota os persas na Batalha de Granico.

331 – Nova vitória de Alexandre contra os persas em Arbela.

330 – Os persas são duramente castigados por Alexandre em Persépolis, encerrando-se a expedição contra eles.

323 – Morte de Alexandre.

322 – Transferência de Aristóteles para Cálcis, na Eubeia; morte de Aristóteles.

LIVRO I

1

268a1 A *CIÊNCIA DA NATUREZA*[1] evidentemente diz respeito majoritariamente aos corpos e grandezas, e às *mudanças e os movimentos*[2] destes, bem como aos princípios desse tipo de substância. Com efeito,
das coisas formadas pela natureza há as que são corpos e grandezas,
5 as que possuem corpo e grandeza e as que são princípios das coisas
detentoras de corpo e grandeza.

O *contínuo*[3] é aquilo que é divisível em partes sempre passíveis
de nova divisão, enquanto o corpo é o divisível de todos os modos.
A grandeza divisível numa direção é a *linha*,[4] a divisível em duas é
a *superfície*,[5] a divisível em três, o *corpo*.[6] Não há nenhuma grande-
10 za que não esteja aí presente porque as dimensões não passam de
três, de maneira que *em três direções* corresponde a *em todas as direções*. Como afirmam os pitagóricos, *o universo e tudo*[7] o que está
contido nele são determinados pelo número três, *pois fim, meio e
começo*[8] produzem o número do universo, e este é a tríade. Daí termos apanhado esse número da natureza como se fora, por assim
15 dizer, uma de suas leis e o utilizarmos inclusive nas súplicas e culto
aos deuses. Isso também está presente em nossa linguagem, pois, ao
nos referirmos a duas coisas, dizemos *ambas (as duas)* e não *todas*.

---

1. ...φύσεως ἐπιστήμη... (*phýseos epistéme*), em uma palavra, a física.
2. ...πάθη καὶ τὰς κινήσεις... (*páthe kaì tàs kinéseis*).
3. ...Συνεχὲς... (*Synekhès*).
4. ...γραμμή... (*grammé*).
5. ...ἐπίπεδον... (*epípedon*).
6. ...σῶμα... (*sôma*).
7. ...τὸ πᾶν καὶ τὰ πάντα... (*tò pân kaì tà pánta*).
8. ...τελευτὴ γὰρ καὶ μέσον καὶ ἀρχὴ... (*teleytè gàr kaì méson kaì arkhè*).

44 | DO CÉU

O primeiro número ao qual o termo *todos* (*todas*) é dirigido é o três. E no que toca a esse nosso procedimento, como afirmamos, tudo o que fazemos é acatar a orientação da própria natureza. Que se acresça que o todo (o universo), o tudo (todas as coisas) e *o com-*
20 *pleto*[9] não diferem entre si na forma, mas apenas (se é que diferem), em sua matéria e naquilo de que são predicados.[10] Portanto, nesse sentido, o corpo é a única grandeza completa, uma vez que exclusivamente ele é determinado tridimensionalmente, isto é, o corpo é um *todo*. Sendo divisível em três direções (dimensões), é divisível
25 em todas, ao passo que as outras grandezas são divisíveis em uma ou duas, porquanto a divisibilidade e a continuidade das grandezas estão subordinadas ao número das direções (dimensões): um tipo é contínuo em uma direção; outro em duas; outro, em todas.

Todas as grandezas divisíveis, segundo vimos, são contínuas.
30 [Entretanto,] que todas as grandezas contínuas são divisíveis não é algo que tenha se evidenciado com base em nossa presente investigação. Apesar disso, uma coisa ao menos é evidente, a saber, não há
268b1 transição a um [quarto] gênero adicional de grandeza, tal como há a transição *da extensão para a superfície*[11] e da superfície para o corpo. Se assim não fosse, o corpo não seria a grandeza completa que indicamos, pois necessariamente uma ultrapassagem dele somente seria possível graças a uma falta sua; mas o que é completo não pos-
5 sui falta, uma vez que sua extensão é em todas as direções.

Corpos tidos como partes do todo são, por força de nosso argumento, individualmente completos, isto é, cada um deles possui todas as dimensões. Contudo, devido ao contato com a parte contígua, são individualmente limitados, o que produz, num certo sentido, para cada um desses corpos uma multiplicidade. Mas o todo do qual são partes é necessariamente completo e tem, como indicado pelo nome, que o ser totalmente, e não, num aspecto, ser
10 completo, e num outro, não.

---

9. ...τὸ τέλειον... (*tò téleion*), a substantivarmos em lugar de adjetivarmos, pois, a rigor, Aristóteles se refere à substância e não à qualidade: a *completitude* ou *perfeição*.

10. Para os conceitos aristotélicos fundamentais de forma (εἶδος [*eîdos*]) e matéria (ὕλη [*hýle*]), consultar a *Física*.

11. ...ἐκ μήκους εἰς ἐπιφάνειαν... (*ek mékoys eis epipháneian*).

2

QUANTO À NATUREZA DO TODO, se é infinito do ponto de vista da grandeza, ou limitado no tocante à sua massa total, isso deve ser relegado a uma investigação posterior. Cumpre-nos agora falar de suas partes *especificamente*.[12] Partamos do seguinte: todos os cor-

15 pos naturais e grandezas são capazes de movimento próprio no espaço. De fato, consideramos a natureza como sendo seu princípio de movimento. Ora, todo movimento no espaço, que chamamos de locomoção, é *ou retilíneo, ou circular, ou uma associação de ambos*.[13] São os únicos movimentos simples, a razão disso sendo serem essas as únicas grandezas simples. O movimento circular é aquele em tor-

20 no do centro, o movimento retilíneo o *ascendente e descendente*;[14] entendo por ascendente o movimento que se distancia do centro (centrífugo), e por descendente aquele que se dirige ao centro (centrípeto). Infere-se que todo movimento simples no espaço é necessariamente centrífugo, ou centrípeto, ou em torno do centro. Isso

25 parece ajustar-se coerentemente ao nosso discurso inicial, ou seja, que a completitude do corpo estava no número três, o mesmo ocorrendo com seu movimento.

Entre os corpos, alguns são simples, enquanto alguns são compostos dos simples (entendo por *simples*[15] todos os que *contêm um princípio motriz natural*,[16] como o fogo e a terra, acompanhados de suas espécies, e os outros [corpos] que lhes são afins); assim, ne-

30 cessariamente, os movimentos também são simples ou, de algum

269a1 modo, compostos. Movimentos simples são aqueles dos corpos simples, movimentos compostos os dos corpos compostos, ainda que seja possível o movimento ser determinado pelo elemento predominante no composto.

---

12. Ou seja, do ponto de vista da espécie, forma (εἶδος [*eîdos*]).

13. ...ἢ εὐθεῖα ἢ κύκλῳ ἢ ἐκ τούτων μικτή... (*è eytheîa è kýkloi è ek toýton mikté*).

14. ...ἄνω καὶ κάτω... (*áno kaì káto*).

15. ...ἁπλᾶ... (*haplâ*).

16. ...κινήσεως ἀρχὴν ἔχει κατὰ φύσιν... (*kinéseos arkhèn ékhei katà phýsin*).

46 | DO CÉU

Supondo que há o movimento simples, que o movimento circular é simples e que o movimento simples é o de um corpo simples (pois se um corpo composto se move mediante um movimento simples, é exclusivamente em função de um corpo simples exercendo predomínio e transmitindo sua direção ao todo), então se conclui necessariamente pela existência de um corpo simples de tal formação natural a se mover num círculo de acordo com sua própria natureza. Mediante *força*[17] pode ser levado a se mover com o movimento um outro corpo diferente; entretanto, isso não ocorre naturalmente na hipótese de ser verdade cada um dos corpos simples possuir individualmente apenas um movimento natural. Admitindo-se, ademais, que o movimento não natural é o contrário do natural, e que a uma coisa só é possível ter um contrário, resulta que o movimento circular, considerando-se que é um dos movimentos simples, tem que ser – se não for o movimento natural ao corpo movido – contrário à sua natureza. Supondo que o corpo movendo-se num círculo seja o fogo ou algum dos outros,[18] conclui-se que seu movimento natural seja necessariamente contrário ao circular. Contudo, a uma coisa só é possível possuir um contrário, sendo o contrário do ascendente o descendente, e do descendente o ascendente. Na suposição de que esse corpo em movimento em um círculo contrário à sua própria natureza seja algo distinto [dos elementos], será imperioso haver algum outro movimento que lhe seja natural. Instaura-se aqui, entretanto, a impossibilidade, uma vez que se o movimento fosse ascendente, o corpo seria fogo ou ar, ao passo que, se fosse descendente, seria água ou terra.

Ademais, o movimento espacial circular é necessariamente primário.[19] Aquilo que é completo (perfeito) é, na natureza, *anterior*[20]

---

17. ...βίᾳ... (*bíai*).

18. A saber, o ar (ἀήρ [*aér*]), a terra (γῆ [*gê*]) e a água (ὕδωρ [*hýdor*]). O éter (αἰθήρ [*aithér*]), o quinto elemento, opõe-se ao ar e não está incluído aqui, sendo o elemento da região superior.

19. Ver a *Física*, Livro VIII, capítulo 9.

20. ...πρότερον... (*próteron*): a rigor, esta palavra é em todo este contexto intraduzível, pois *anterior* traduz o sentido temporal e o espacial, mas não o qualitativo. Melhor seria traduzirmos por duas palavras: *anterior e superior.*

em relação àquilo que é incompleto (imperfeito); ora, o círculo é completo, enquanto nenhuma linha reta o pode ser; não é possível que uma linha reta infinita o seja (uma vez que nesse caso teria que possuir *limite e fim*);[21] tampouco seria possível no caso de uma finita (visto que todas as linhas finitas têm algo que as ultrapassa: qualquer uma delas é passível de ser prolongada). Se um movimento an-
25 terior em relação a um outro é aquele de um corpo naturalmente anterior, o movimento circular é anterior ao retilíneo, e este é o movimento dos corpos simples (de fato, o fogo se move em linha reta para cima, enquanto *os corpos terrestres*[22] se movem para baixo rumo ao centro), conclui-se que o movimento circular também é necessariamente o movimento de algum corpo simples. Dissemos antes que o movimento de corpos compostos é determinado por
30 algum corpo simples que exerce predominância na associação. De tudo isso, infere-se evidentemente que existe na natureza alguma *substância corpórea*[23] além das formações desta região inferior, que detém mais divindade e anterioridade do que elas. O mesmo também é demonstrável com base na hipótese adicional de que todo movimento é *ou natural* ou *não natural*,[24] e de que o movimento não natural em relação a um corpo é natural em relação a um outro, tal como os movimentos ascendente e descendente, pois
35 aquele que é natural para o fogo (o ascendente) é não natural para a terra, e o que é natural para esta última (o descendente) é não
269b1 natural para o fogo. Conclui-se necessariamente que o movimento circular, porquanto não natural em relação a esses elementos, é natural em relação a algum outro elemento. Que se acresça que se o movimento circular é o movimento no espaço de qualquer coisa, estará claramente entre os corpos simples e primários, que são mo-
5 vidos naturalmente em círculo, *como o fogo para cima e a terra para*

---

21. ...πέρας καὶ τέλος... (*péras kaì télos*). A ideia de fim ou acabamento aqui é puramente abstrata, aplicada à figura plana que é a linha. O círculo, obviamente, como não possui começo e nem fim, também não possui limite.

22. ...τὰ γεηρὰ... (*tà geerà*).

23. ...οὐσία σώματος... (*oysía sómatos*). Alusão ao éter.

24. ...ἢ κατὰ φύσιν ἢ παρὰ φύσιν... (*è katà phýsin è parà phýsin*), ou seja, de acordo com a natureza ou contrário à natureza.

baixo.[25] Se, por outro lado, supondo que o movimento [dos corpos] que giram em torno do centro fosse não natural, seria surpreendente e, e na verdade, inteiramente irracional que, pelo fato de ser não natural, devesse ser, com exclusividade, contínuo e eterno; a propósito, constatamos nos demais casos que aquilo que é não
10 natural perece mais rapidamente. Desse modo, se, como afirmam alguns, o [corpo] assim movido é o fogo, esse movimento é tão não natural em relação a ele quanto o é o descendente, pois é perceptível que o movimento do fogo é retilíneo e centrífugo.

O raciocínio com base em todas nossas considerações nos conduz à convicção de que existe algum outro corpo diferente e disso-
15 ciado de todos os que nos circundam, e que o caráter mais precioso de sua natureza é proporcional à sua distância desta região.[26]

3

COM BASE NO QUE FOI DITO, seja o formulado como hipótese, seja o demonstrado, evidencia-se que nem todo corpo possui leveza
20 ou peso. Mas precisamos esclarecer o que entendemos por *pesado e leve*,[27] de momento apenas o suficiente ao nosso propósito; mais tarde, quando nos empenharmos em investigar a essência que lhes é própria, o faremos com mais precisão. Assim, que se entenda por pesado o que naturalmente se move na direção do centro, ou seja, o que é centrípeto, enquanto por leve o que se afasta naturalmente do centro, ou seja, o centrífugo; o mais pesado é o que desce abaixo
25 de todos os demais [corpos] de movimento descendente, e o mais leve o que supera os [corpos] de movimento ascendente. Resulta

---

25. ...ὥσπερ τὸ πῦρ ἄνω καὶ ἡ γῆ κάτω... (*hósper tò pŷr áno kaì he gê káto*), mas compreenda-se que se trata aqui de uma analogia e não de um exemplo, pois o movimento do fogo e da terra é retilíneo e não circular.

26. Ou seja, a região inferior sublunar, onde estão os quatro elementos inferiores constituintes de todos os corpos dessa região.

27. ...τὸ βαρὺ καὶ τὸ κοῦφον... (*tò barỳ kaì tò koŷphon*).

LIVRO I | 49

que todo corpo dotado de movimento descendente ou ascendente apresenta necessariamente leveza ou peso, ou ambos, não sendo possível, porém, que algo seja pesado e leve relativamente à mesma coisa; coisas [como os elementos], entretanto, o são na sua relação
30 recíproca, por exemplo o ar, que é leve se comparado à água, ao passo que esta é leve relativamente à terra. Não é possível, contudo, que o corpo dotado de movimento circular apresente peso ou leveza, uma vez que jamais pode produzir movimento centrípeto ou centrífugo, quer naturalmente quer não naturalmente. Naturalmente não pode produzir movimento retilíneo no espaço porque, conforme vimos, cada [corpo] simples é detentor de um único movimento natural e,
35 consequentemente, ele seria idêntico a um dos [corpos] cujo movi-
270a1 mento natural é retilíneo. Supondo que se movesse numa linha reta opondo-se à sua natureza, nesse caso, se o movimento fosse descendente, o movimento ascendente seria o seu movimento natural, e reciprocamente; de fato, convimos que de dois movimentos contrários, sendo um não natural, o outro é natural. Considerando que *o*
5 *todo e a parte* [28] naturalmente se movem na mesma direção – do que é exemplo *toda a terra e um pequeno torrão dela* [29] – convimos primeiramente que [esse corpo] é destituído quer de leveza, quer de peso, posto que se assim não fosse teria sido capaz de se mover centrípeta ou centrifugamente de acordo com a natureza; convimos igualmente
10 que não é capaz de *movimento local*,[30] por ser forçado ou para cima ou para baixo; de fato, nem natural nem não naturalmente pode ele se mover mediante qualquer outro movimento, exceto o seu, não sendo isso possível nem para ele mesmo, nem para quaisquer de suas partes, posto que o mesmo argumento é válido para o todo e a parte.

É igualmente razoável supor ser ele *não gerado e indestrutível*,[31] bem como não passível de *crescimento e alteração*,[32] *visto que tudo*
15 *que é gerado vem a ser a partir de um contrário e de algum substra-*

---

28. ...τὸ ὅλον καὶ τὸ μόριον... (*tò hólon kaì tò mórion*): entenda-se o todo e qualquer uma de suas partes.

29. ...πᾶσα γῆ καὶ μικρὰ βῶλος... (*pâsa gê kaì mikrà bôlos*).

30. ...τόπον κίνησιν... (*tópon kínesin*).

31. ...ἀγένητον καὶ ἄφθαρτον... (*agéneton kaì áphtharton*).

32. ...καὶ ἀναυξὲς καὶ ἀναλλοίωτον... (*kaì avayxès kaì analloíoton*).

to,[33] e é destruído igualmente em algum substrato graças à ação de um contrário em sua passagem a um contrário, conforme esclarecemos em nossas discussões iniciais.[34] Os contrários têm movimentos contrários no espaço. Não é possível haver um contrário para [esse corpo] diante da impossibilidade de haver um movimento contrário ao movimento circular no espaço. Tem-se a impressão que a natureza corretamente isentou de contrários aquilo que era para ser não gerado e indestrutível, uma vez que a geração e a destruição estão submetidas aos contrários. *Ademais, tudo o que está sujeito ao crescimento cresce*[35] graças ao contato com algo afim que é adicionado e dissolvido em sua matéria. Mas nada existe a partir de que [esse corpo] seja gerado. E se não está sujeito seja ao crescimento, seja à destruição, o mesmo pensamento nos leva a supor que não está sujeito à alteração. A alteração é um *movimento no que se refere à qualidade*,[36] e os estados costumeiros e as disposições transitórias – por exemplo, a saúde e a doença – não são gerados sem mudanças *daquilo que nos afeta*.[37] Contudo, todos os corpos naturais mudados naquilo que os

---

33. ...διὰ τὸ γίγνεσθαι μὲν ἅπαν τὸ γιγνόμενον ἐξ ἐναντίου τε καὶ ὑποκειμένου τινός... (*dià tò gígnesthai mèn hápan tò gignómenon ex enantíoy te kaì hypokeiménoy tinós*): embora tenhamos diferenciado formalmente em português *gerado* e *vem a ser*, trata-se obviamente do mesmo verbo em grego e do mesmo conceito, que engloba numa mesma palavra tanto o sentido biológico (gerar) quanto o ontológico (vir a ser, passar a existir).

34. Ver a *Física*, Livro I, capítulos 7-9.

35. ...ἀλλὰ μὴν καὶ τὸ αὐξανόμενον ἅπαν αὐξάνεται... (*allà mèn kaì tò ayxanómenon hápan ayxánetai*). Embora com reservas, Bekker e Guthrie mantêm o seguinte: ...καὶ τὸ φθῖνον φθίνει... (*kaì tò phthînon phthínei*), ou seja, ...e ao decrescimento decresce... . Pensamos que não há como desconsiderar essa polarização.

36. ...κίνησις κατὰ τὸ ποιόν... (*kínesis katà tò poión*). *Kinesis*, que traduzimos sofrivelmente por movimento, é um conceito muito mais rico do que o nosso, que inclui, entre outras, mudanças quantitativas, qualitativas e as que poderíamos chamar de "movimentos da alma", que abrangem nossos conceitos isolados de emoção, paixão, comoção, perturbação etc.

37. ...πάθη... (*páthe*), outra palavra a rigor intraduzível que, dependendo do contexto, traduzimos muitas vezes genericamente por estado passivo, afecção e, restritamente por sofrimento, dor, angústia, e mesmo doença. Aristóteles a utiliza aqui no seu sentido genérico, inclusive em paridade (na imediata sequência do texto) com πάθος (*páthos*), tudo aquilo que é experimentado por nosso corpo e nossa alma e que os afeta, tudo aquilo a que estamos submetidos. Πάθος (*Páthos* [paixão]) opõe-se a πρᾶξις (*prâxis* [ação]).

LIVRO I | 51

afeta parecem estar, pelo que observamos, sujeitos também ao crescimento e ao decrescimento, por exemplo os corpos dos *animais*[38] e dos *vegetais*,[39] as partes destes e daqueles, e igualmente os *elementos*.[40] Considerando-se que não é possível para o corpo que se move circu-
35 larmente submeter-se ao crescimento e ao decrescimento, é razoável supor que tampouco está sujeito à alteração.

270b1 Em razão de tudo isso, pode-se concluir, a confiarmos em nossas hipóteses, que *o corpo primário*[41] é eterno; não está submetido nem ao crescimento nem ao decrescimento, sendo, sim, sem idade,
5 inalterável e *impassível*.[42] *A razão*[43] parece corroborar os fenômenos, e os fenômenos a razão. De fato, todos os seres humanos têm uma concepção dos deuses e todos os que creem nos deuses, sejam bárbaros ou gregos, são concordes em atribuir o mais alto posto ao divino, evidentemente porque concebem o imortal como associa-
10 do ao imortal, e qualquer outra suposição lhes parece impossível. *Se então existe – e como existe – algo divino*,[44] o que dissemos há pouco a respeito da *substância corpórea primária*[45] foi corretamente dito. Também os sentidos o evidenciam, ao menos a ponto de obter a aprovação da crença humana; a considerarmos todo o passado, a
15 nos fiarmos na memória dos que deixaram registros transmitidos de geração a geração, não há como detectar nenhuma mudança, quer no todo do *céu extremo*,[46] quer em qualquer uma de suas próprias partes. Também parece que foram os antigos que transmitiram o nome desse corpo à época atual, sendo que os antigos o

---

38. ...ζῴων... (*zóion*).

39. ...φυτῶν... (*phytôn*).

40. ...στοιχείων... (*stoikheíon*).

41. ...τὸ πρῶτον τῶν σωμάτων. ... (*tò prôton tôn somáton*).

42. ...ἀπαθές... (*apathés*), isto é, não está sujeito a mudanças determinadas por estados passivos.

43. ...τε λόγος... (*te lógos*), ou seja, o discurso racional, a argumentação racional.

44. ...εἴπερ οὖν ἔστι τι θεῖον, ὥσπερ ἔστι, ... (*eíper oŷn ésti ti theîon, hósper ésti*): sobre a concepção aristotélica da divindade, ver *Metafísica*, especialmente o Livro XII.

45. ...πρώτης οὐσίας τῶν σωμάτων... (*prótes oysías tôn somáton*).

46. ...ἔσχατον οὐρανὸν... (*éskhaton oyranòn*). Aristóteles se refere à região superior do céu, acima da região sublunar dos quatro elementos inferiores, ou seja, a região onde domina o éter.

concebiam do mesmo modo que o concebemos, pois é inevitável
20 crermos que as mesmas concepções são recorrentes não uma vez ou
duas, mas inúmeras vezes. Concebendo que o corpo primário era
algo distinto e além da terra e do fogo, do ar e da água, conferiram
o nome *éter*[47] à região mais elevada, tirando esse nome de *sempre*
25 *flui*[48] eternamente. Anaxágoras[49] emprega mal a palavra ao empre-
gar éter para fogo.

Do que dissemos também se conclui claramente porque o número dos corpos simples, como os chamamos, não pode ser superior; o movimento do corpo simples é necessariamente simples, e
30 sustentamos a existência de apenas dois movimentos simples, a saber, o circular e o retilíneo, este último se dividindo em centrífugo
e centrípeto.

4

A INEXISTÊNCIA DE QUALQUER MOVIMENTO no espaço distinto do *movimento circular*[50] e a ele contrário pode ser comprovada
de muitos modos. Para começar, estamos francamente predispos-
tos a considerar o movimento retilíneo como oposto ao circular.
35 De fato, o côncavo e o convexo parecem não se limitar apenas a
271a1 uma contrariedade mútua, mas se oporem à reta, se considerados
como unidade e conjuntamente. Assim, na hipótese de haver um
contrário do movimento circular,[51] o movimento retilíneo seria
necessariamente o melhor candidato a isso. Entretanto, os tipos de

---

47. ...αἰθέρα... (*aithéra*).

48. ...θεῖν ἀεὶ... (*theîn aeì*), ou melhor, ἀεὶ θεῖν (*aeì theîn*). A expressão designa o fato dessa região mais elevada (ἀνωτάτω τόπον [*anotáto tópon*]) apresentar um fluxo incessante.

49. Anaxágoras de Clazomena (século V a.C.), filósofo da natureza pré-socrático.

50. ...κύκλῳ φορᾷ... (*kýkloi phorâi*).

51. ...κύκλῳ κίνησιν... (*kýkloi kínesin*). Aristóteles alterna o uso dos termos φορά (*phorá*) e κίνησις (*kínesis*).

LIVRO I | 53

movimento retilíneo opõem-se entre si *devido aos seus lugares*;[52] as-
5 cendente e descendente constituem concomitantemente diferença
de lugar e contrários.

Seria de se supor que o mesmo argumento válido para o movimento retilíneo vale igualmente para o circular (que o movimento
de A na direção de B é o contrário daquele de B na direção de A);
contudo, tudo de que se trata é o movimento retilíneo, pois este é
10 definido e limitado, ao passo que o número de trajetórias circula-
res através dos mesmos pontos pode ser infinito. A validade ainda
persiste mesmo que consideremos somente o único semicírculo, ou
seja, as trajetórias de C a D e de D a C. O movimento é idêntico ao
que acompanha o diâmetro, porquanto jamais deixamos de estimar
a distância entre dois pontos como a extensão da linha reta que
lhes serve de união. A validade persistiria mesmo que se traçasse
15 um círculo e se afirmasse que o movimento que acompanha um
semicírculo contraria aquele que acompanha o outro, a entendermos que no círculo inteiro o movimento de E a F no semicírculo G
contraria aquele de F a E no semicírculo H.

Mas, ainda que esses movimentos sejam contrários, não estamos autorizados a inferir que os movimentos sobre todo o círculo sejam contrários entre si. Não se pode, sequer, considerar
20 que o movimento circular de A a B seja contrário ao movimento
de A a C. Com efeito, o movimento parte do mesmo ponto rumo
ao mesmo ponto, ao passo que definimos o movimento contrário
como movimento de um contrário para seu contrário. Além disso,
mesmo supondo-se que um movimento circular fosse contrário a
um outro circular, um dos dois seria destituído de propósito, pois
25 seria movimento para o mesmo ponto, já que [um corpo] a girar
em um círculo, não importa de que ponto parta, tem que atingir
necessária e igualmente os lugares opostos. (Lugares opostos[53] são
o acima e o abaixo, o dianteiro e o traseiro, o direito e o esquerdo.)
As *oposições de movimento*[54] correspondem às de lugar. Se os dois

---

52. ...διὰ τοὺς τόπους... (*dià toỳs tópoys*), isto é, do ponto de vista espacial.

53. ...τόπου ἐναντιότητες... (*tópoy enantiótetes*).

54. ...φορᾶς ἐναντιώσεις... (*phorâs enantióseis*).

movimentos fossem iguais não ocorreria movimento propriamen-
30 te dito, enquanto no caso da superioridade de um, o outro não
ocorreria. Resulta que na hipótese da existência de ambos, existiria
um corpo sem propósito, na medida em que não seria movido com
seu próprio movimento, tal como dizemos que um calçado não
usado não tem propósito. Todavia, *Deus e a natureza*[55] nada criam
que seja inútil.

5

271b1 UMA VEZ ESTANDO ISSO CLARO, cumpre examinarmos as demais
questões, e a primeira é se existe algum *corpo infinito*,[56] algo em que
acreditava a maioria dos *filósofos antigos*,[57] ou se isso é impossível.
A decisão com referência a essa questão, num sentido ou outro,
5 não é de pouca importância para nós, tendo, pelo contrário, um
peso fundamental em nossa investigação da verdade. Podemos
dizer que esse problema esteve sempre na origem (e a expectativa é a
de que sempre estará) da totalidade das contradições surgidas entre
os que se manifestaram *sobre o todo da natureza*,[58] isso porque um
ligeiro desvio inicial da verdade multiplica-se posteriormente *uma
10 infinidade de vezes*.[59] Caso se sustentasse, por exemplo, a existência
de uma grandeza mínima, essa suposição abalaria os alicerces das
matemáticas.[60] Causa disso: um princípio é mais superior em sua
potência do que em sua extensão, de modo que aquilo que inicial-

---

55. ...θεὸς καὶ ἡ φύσις... (*theòs kaì he phýsis*): sobre o conceito aristotélico de Deus,
consultar a *Metafísica*, Livro XII, capítulo 7, principalmente 1072b1-30.

56. ...σῶμα ἄπειρον... (*sôma ápeiron*).

57. ...ἀρχαίων φιλοσόφων... (*arkhaíon philosóphon*).

58. ...περὶ τῆς ὅλης φύσεως... (*perì tês hóles phýseos*): Aristóteles faz alusão aos filósofos da natureza pré-socráticos em geral, como Tales, Anaximandro, Empédocles,
Leucipo, Demócrito etc.

59. ...μυριοπλάσιον... (*myrioplásion*), literalmente 10.000 vezes.

60. ...μαθηματικῶν... (*mathematikôn*): a aritmética, a geometria, a astronomia e a harmonia (música).

LIVRO I | 55

mente é de pouca importância acaba se tornando de suma importância no final. Ora, no que se refere ao infinito, estamos diante de
15 algo que possui não só a potência de um princípio, mas é, no que respeita à quantidade, a potência de maior amplitude, de maneira que nada há de estranho e irracional no fato de a hipótese de um corpo infinito fazer uma extraordinária diferença. Essa questão deve, assim, ser examinada a partir do começo.

Todo corpo é necessariamente simples ou composto, de modo que o infinito é simples ou composto. É, porém, igualmente cla-
20 ro que, sendo os corpos simples *finitos*,[61] o composto também é necessariamente finito, o que se explica porque aquilo que é composto de [elementos] que são finitos em número e grandeza, é ele próprio finito em número e grandeza, uma vez que, do prisma quantitativo, corresponde à soma de seus componentes. Resta, portanto,
25 verificar se é possível a um dos corpos simples possuir grandeza infinita, ou se isso é impossível. Tratemos, então, primeiramente do corpo primário, procedendo em seguida para o exame dos outros.

O que se segue demonstra claramente que todo corpo que gira circularmente é necessariamente finito. A supor que esse corpo giratório fosse infinito, os raios que partissem do centro seriam
30 infinitos. Entretanto, nesse caso, também o espaço intermediário seria infinito. *Entendo por espaço intermediário entre as linhas*[62] o espaço além do qual não é possível haver grandeza que toque as linhas. Esse espaço é necessariamente infinito. No que se refere aos raios finitos, é sempre finito, sendo, ademais, sempre possível to-
272a1 mar dele mais do que qualquer dada quantidade; a conclusão é esse espaço ser infinito como diríamos que o número é infinito, já que não existe o maior dos números. Idêntico argumento serve igualmente para o espaço intermediário. Ora, é impossível atravessar o infinito, e se supormos um [corpo] infinito, o espaço intermediário
5 será necessariamente infinito, o que impossibilitaria o movimento

---

61. ...πεπερασμένων... (*peperasménon*).

62. ...διάστημα δὲ λέγω τῶν γραμμῶν... (*diástema dè légo tôn grammôn*). Διάστημα (*Diástema*) significa mais exatamente intervalo que determina separação. Mas, na verdade, Aristóteles refere-se aqui e em todo este contexto especificamente ao intervalo entre os raios.

circular. Entretanto, nossa própria observação atesta o giro circular do céu, *e estabelecemos por via de argumento que existe algo a que o movimento circular diz respeito.*[63]

Ademais, se de um tempo finito é subtraído um tempo finito, o que sobra é necessariamente finito e apresenta um começo. E se 10 o tempo do trajeto tem um começo, há também o começo do movimento, como há da distância a ser percorrida. O mesmo vale igualmente para todas as demais coisas.

Que ACE seja uma linha infinita na direção de E, enquanto BB uma outra linha infinita em ambas as direções. Se ACE descre- 15 ver um círculo em torno de um centro C, o resultado será seccionar BB em sua revolução durante certo tempo finito; ora, o tempo total para o céu completar sua revolução é finito e, portanto, o tempo subtraído durante o qual uma linha no seu movimento é secante à outra é também finito. Por conseguinte, haverá um ponto inicial em que ACE secciona pela primeira vez BB. Isso, porém, é impos- 20 sível, o que acarreta a impossibilidade do movimento circular para o que é infinito. E, tampouco, poderia *o mundo organizado,*[64] se fosse infinito, fazê-lo.

O que apontamos a seguir também mostra a impossibilidade de aquilo que é infinito mover-se. Suponha-se uma linha finita A a passar por uma linha finita B. Necessariamente A tem que 25 estar desobstruída de B ao mesmo tempo que B de A, porquanto A sobrepõe B na mesma medida em que B sobrepõe A. Se os movimentos delas forem em direções opostas, sua desobstrução ocorrerá mais rapidamente do que se uma linha for estacionária

---

63. ...καὶ τῷ λόγῳ δὲ διωρίσαμεν ὅτι ἐστί τινος ἡ κύκλῳ κίνησις... (*kaì tôi lógoi dè diorísamen hóti estí tinos he kýkloi kínesis*). Aristóteles casa, a título de força demonstrativa, o empírico com o especulativo. Evitamos neste caso a tradução parafrásica.

64. ...τὸν κόσμον... (*tòn kósmon*), mas tudo indica que Aristóteles, sem precisão terminológica, refere-se simplesmente ao céu. Na verdade, o conceito de κόσμου (*kósmon*), mundo organizado, ordenado em contraposição ao de χάος (*kháos*), espaço colossal e nebuloso existente antes da formação de todas as coisas, presente na *Teogonia* de Hesíodo e na cosmogonia de Platão exposta no *Timeu*, não tem lugar na teoria astronômica aristotélica, da qual um dos fundamentos é a eternidade do universo.

LIVRO I | 57

e a outra executar um movimento, ocorrendo maior lentidão em sua desobstrução se a velocidade dessa última linha[65] for idêntica em ambos os casos. Está claro que é impossível percorrer uma

30 linha infinita num tempo finito: teria que ser infinito, o que foi demonstrado anteriormente quando tratamos do movimento.[66] E não importa se uma finita está passando por uma infinita, ou vice-

272b1 -versa, pois quando uma passa pela outra, a segunda se sobrepõe à primeira, esteja ela em movimento ou não. Se estiverem ambas em movimento, sua mútua desobstrução ocorrerá mais celeremente. Nada há que nos impeça, contudo, de supor certos casos em que uma linha móvel passa por uma estacionária mais rapidamente do

5 que uma linha a se mover em direção oposta. Bastará para isso imaginar as duas linhas em movimento reduzido, e a que passa pela estacionária movendo-se[67] com celeridade muito superior.

Assim, não causa embaraço ao argumento supormos uma linha cujo movimento a faz passar por outra que é estacionária, desde que consideremos a possibilidade de a segunda (B) também mover-se, ainda que a primeira (A) pudesse ser, inclusive, mais lenta ao pas-

10 sar por ela. Se então o tempo despendido pela linha móvel finita na desobstrução da infinita é necessariamente infinito, também o é o tempo em que a linha infinita passa pela finita. Consequentemente, o movimento da linha infinita é totalmente impossível: caso se movesse o mínimo possível, teria que despender um tempo infinito. Com efeito, o céu certamente gira e realiza toda sua órbita

15 circular num tempo finito. E, portanto, abarca todo o círculo interior, que representamos pela linha finita AB. Por conseguinte, não é possível que seja infinito [o corpo] cujo movimento é circular.

Ademais, tal como é impossível a uma linha que possui um limite ser infinita ou, o sendo, não passa de uma extensão, do mesmo modo é impossível a uma superfície ser infinita se na condição de detentora de um limite, e se, por força de sua definição o for,[68] não

---

65. Ou seja, a que não é estacionária.

66. *Física*, Livro VI, capítulo 7.

67. Apesar da redução da velocidade de movimento de ambas.

68. Ou seja, limitada.

58 | DO CÉU

20 poderá ser infinita de modo algum, isto é, se é um quadrado, um círculo ou uma esfera, ela não pode ser infinita mais do que o pode ser uma linha de um pé. A conclusão é a inexistência da esfera ou círculo infinitos, e a inexistência do círculo acarreta a impossibilidade do movimento circular; analogamente, onde inexiste totalmente o infinito, a existência do movimento infinito é impossível. Finalmente, não sendo o círculo ele mesmo infinito, não [é possível] haver movimento circular de um corpo infinito.

25 Por outro lado, que C seja um centro, AB uma linha infinita, ao passo que E uma outra linha infinita em ângulo reto relativamente a AB, e CD uma outra movendo-se ao redor de C. CD jamais deixará de manter contato com E, mas estará sempre numa posição análoga à de CE, isto é, seccionará E em F. A consequência é a linha infinita não realizar uma trajetória circular completa.

Se, além disso, o céu for infinito e se mover em círculo, terá per-
30 corrido uma distância num tempo finito. Imaginemos um céu estacionário infinito e um outro igual movido no interior do primeiro: ora, se o céu móvel, que é infinito, completasse sua revolução, teria percorrido um infinito igual a si mesmo num tempo finito. Mas
273a1 isso, sabemo-lo, é impossível. O inverso é igualmente sustentável, nomeadamente, que sendo finito o tempo de sua revolução, a extensão[69] por ele percorrida também é necessariamente finita. Essa extensão, contudo, iguala o próprio céu, o que nos autoriza a inferir que também é finita.

5 Ficou assim evidente que aquilo[70] que se move circularmente *não é eterno nem infinito, mas tem um fim.*[71]

---

69. ...μέγεθος... (*mégethos*), literalmente grandeza, magnitude.

70. Sempre implícita a ideia de corpo, que registramos geralmente entre colchetes.

71. ...οὐκ ἔστιν ἀτελεύτητον οὐδ᾽ ἄπειρον, ἀλλ᾽ ἔχει τέλος, ... (*oyk éstin ateleýteton oyd' ápeiron, all' ékhei télos*).

6

TAMPOUCO SÃO INFINITOS quer aquilo que se move centripeta-mente quer aquilo que o faz centrifugamente.[72] Os movimentos ascendente e descendente são contrários, de modo a constituírem movimentos na direção de lugares contrários. Se um dos membros de um par de opostos é determinado, também o outro o deve ser. O centro é determinado, de modo que não importa qual seja o ponto de origem daquilo que é descendente, este não pode ir além do centro. Visto, portanto, que o centro é determinado, também *o lugar superior*[73] tem que o ser igualmente; e se seus lugares são determinados e limitados, necessariamente os corpos são limitados. Ademais, se o superior e o inferior são determinados, *o espaço intermediário*[74] também é necessariamente determinado; se assim não fosse, existiria movimento infinito, e foi mostrado antes que isso é impossível.[75]

O centro,[76] como dissemos, é determinado, de maneira que o é também o corpo que nele se encontra, ou que se torna capaz de nele se encontrar. O corpo, contudo, de movimento ascendente, assim como o de movimento descendente, são capazes de nele se encontrarem, posto que naturalmente o primeiro move-se de maneira centrífuga, enquanto o segundo o faz de maneira centrípeta.

---

72. Traduzimos livremente mantendo o implícito, embora a sequência relativamente próxima (273a15 – ...τὰ σώματα... [*tà sómata*]), os corpos, permita a explicitação. Guthrie restringe ainda mais o conceito, optando por "corpo simples". Eis o período inteiro em grego: ...Ἀλλὰ μὴν οὐδὲ τὸ ἐπὶ τὸ μέσον οὐδὲ τὸ ἀπὸ τοῦ μέσου φερόμενον ἄπειρον ἔσται... (*Allà mèn oydè tò epì tò méson oydè tò apò toŷ mésoy pherómenon ápeiron éstai*).

73. ...τὸν ἄνω τόπον... (*tòn áno tópon*).

74. ...τὸ μεταξὺ... (*tò metaxỳ*).

75. Aristóteles faz alusão aqui à *Física*, Livro VIII, capítulo 8.

76. ...τὸ μέσον... (*tò méson*). Guthrie, na esteira de Simplício, e Stocks, entendem aqui que Aristóteles está se referindo ao *espaço intermediário* ou *região intermediária* (também determinada), ou seja, *ao meio*, e não ao *centro*, sugerindo Guthrie, muito compreensivelmente, uma possível falta de rigor terminológico por parte do grande mestre do Liceu. Sem ingressar num debate erudito, para o qual não estamos capacitados, pensamos que o contexto acena mais provavelmente para a segunda alternativa.

Do que foi exposto evidencia-se a impossibilidade de existir um corpo infinito.[77] Pode-se afirmar adicionalmente que, se não há o peso infinito, o resultado é mais uma vez a impossibilidade de quaisquer desses corpos serem infinitos, pois o peso de um corpo 25 infinito teria que ser, ele, infinito. (Este raciocínio valeria também para a leveza, pois no caso de haver um peso infinito haveria uma leveza infinita, se o corpo que se torna superior fosse infinito). Isso fica claro do modo seguinte. Suponha-se a finidade do peso e imagine-se um corpo infinito AB com um peso C. Que se subtraia 30 do infinito a grandeza finita BD, e que o peso desta seja E. E será menor que C porque a grandeza inferior pesa menos. Suponha-se agora que o peso inferior é introduzido no superior algumas vezes e tome-se BF contendo a mesma proporção relativamente a BD 273b1 contida pelo peso superior relativamente ao inferior. Certamente pode-se extrair do infinito a quantidade que se queira. Se pudermos concluir, então, que a grandeza é proporcional ao peso, e que o peso inferior corresponde à grandeza inferior, resultará que o peso 5 superior será o da grandeza superior, de modo que os pesos das grandezas finita e infinita serão iguais. E se o corpo maior possui um peso superior, o peso de GB superará o de FB, o que significa que o peso do [corpo] finito superará o do infinito. Que se acresça que o peso de *grandezas desiguais*[78] será idêntico, uma vez que não 10 é possível haver igualdade entre o infinito e o finito. Tanto faz os pesos *serem comensuráveis ou incomensuráveis.*[79] Se são incomensuráveis, permanece o mesmo raciocínio – por exemplo, se o peso E for multiplicado por três, há um excedente. Conclui-se que, se houver a multiplicação da grandeza total BD por três, seu peso será 15 superior ao de C, o que acarreta idêntica impossibilidade. Diante de nós é facultada a alternativa de tomarmos pesos comensuráveis, uma vez que tanto faz partirmos do peso ou da grandeza, como,

---

77. ...Ἔκ τε δὴ τούτων φανερὸν ὅτι οὐκ ἐνδέχεται σῶμα εἶναι ἄπειρον... (*Ék te dè toýton phaneròn hóti oyk endékhetai sôma eînai ápeiron*), ou, numa tradução alternativa, empregando o nosso verbo ser: ...Do que foi exposto evidencia-se como impossível para um corpo ser infinito... .

78. ...ἀνίσων δὲ μεγεθῶν... (*aníson dè megethôn*).

79. ...σύμμετρα εἶναι ἢ ἀσύμμετρα... (*sýmmetra eînai è asýmmetra*).

LIVRO I | 61

por exemplo, se resolvermos tomar o peso E como sendo comensurável a C; nesse caso, se do infinito for tirada uma quantidade
20 BD do peso E, caberá a BD a mesma proporção relativamente a uma outra grandeza que o peso E relativamente ao peso C. Que essa grandeza seja BF. Com efeito, sendo a quantidade infinita, é possível subtrair tanto quanto se quiser. Nesta conjuntura, as grandezas e os pesos serão reciprocamente comensuráveis. Não afetará nossa demonstração a quantidade total ter seu peso igual ou desigualmente distribuído, posto que haverá sempre a possibilidade de
25 tirar da quantidade infinita *corpos de peso igual a BD*,[80] tirando do infinito quanto quisermos mediante as subtrações ou acréscimos.

Do que foi dito fica evidenciada a impossibilidade de o peso de um corpo infinito ser finito. Nesse caso, tem que ser infinito. Se isso revelar-se impossível, a existência do corpo infinito resultará também impossível. E a impossibilidade do peso infinito fica
30 evidenciada com base no seguinte: um determinado peso percorre uma certa distância num certo tempo, ao passo que um peso maior percorrerá distância idêntica num tempo inferior. A proporção dos
274a1 tempos é inversa aos pesos; por exemplo, se um peso corresponde ao dobro do outro, consumirá a metade do tempo para realizar certo movimento. Além disso, um peso finito percorre qualquer distância finita num tempo finito, do que se conclui forçosamente que o peso infinito, se existir, sendo, de uma parte, equivalente ao
5 finito mais algo, se moverá em consonância com isso, mas sendo, de outra parte, constrangido a se mover num tempo que guarda uma proporção inversa à sua grandeza, é simplesmente incapaz de se mover. A proporção entre tempo e peso é de menor para maior. *Inexiste relação do infinito com o finito*,[81] um tempo mais curto a tendo com um mais longo somente se ambos forem finitos. Embora seja sustentável que o peso, à medida que cresce, mova-se sem-
10 pre num tempo decrescente, não haverá, contudo, nenhum tempo mínimo. A propósito, se houvesse, não teria utilidade alguma, pois apenas serviria para indicar que um outro corpo finito fora suposto

---

80. ...ἰσοβαρῆ σώματα τῷ ΒΔ... (*isobarê sómata tôi BD*).

81. ...Λόγος δ' οὐθείς ἐστι τοῦ ἀπείρου πρὸς τὸ πεπερασμένον... (*Lógos d'oytheís esti toŷ apeíroy pròs tò peperasménon*).

maior do que um dado corpo finito na mesma proporção em que o infinito é maior. Resultaria o infinito haver percorrido idêntica distância em tempo igual ao finito. Algo impossível. Ademais, des-
15 de que seja finito, não importa qual seja o tempo no qual o infinito realiza o movimento, um peso finito tem necessariamente que mover uma certa distância finita simultaneamente. A conclusão é a impossibilidade tanto do peso infinito quanto da leveza infinita; igualmente impossível é a existência de corpos dotados de peso infinito ou leveza infinita.

Torna-se evidente a inexistência do corpo infinito com base
20 no nosso exame de vários casos.[82] Tal coisa também se torna patente com base em considerações gerais, não só à luz do discurso que fizemos em torno dos princípios[83] (pois também nele antecipamos universalmente *no que respeita ao infinito de que maneira existe e de que maneira não existe*[84]), como também de um outro modo que será exposto a seguir. Depois disso investigaremos outra questão, a saber, se mesmo não sendo infinito, *o corpo do uni-*
25 *verso*[85] pode ser grande o bastante para comportar a existência da *pluralidade de céus.*[86] De fato, poderia ser suscitada, a título de dificuldade, que nada impediria a existência de outros *mundos*[87] com composição idêntica ao nosso, muitos deles, ainda que não em número infinito. Comecemos por observações de caráter universal a respeito do infinito.

---

82. D. J. Allan inicia o capítulo 7 com esta sentença.

83. Na *Física*, Livro III, capítulos 4 a 8.

84. ...περὶ ἀπείρου πῶς ἔστι καὶ πῶς οὐκ ἔστιν... (*perì apeíroy pôs ésti kaì pôs oyk éstin*).

85. ...τὸ σῶμα τὸ πᾶν... (*tò sôma tò pân*).

86. ...πλείους οὐρανούς... (*pleíoys oyranoýs*), mas o sentido é de *pluralidade de mundos*, como confirmado, inclusive, pela sequência imediata, em que Aristóteles utiliza a palavra κόσμος (*kósmos*).

87. ...κόσμος... (*kósmos*).

7

30 TODO CORPO é necessariamente infinito ou finito, e se infinito, *heterogêneo ou homogêneo*;[88] por sua vez, se heterogêneo, é composto de *espécies*[89] de número finito ou infinito. Mantida, todavia, a validade de nossas hipóteses iniciais, claramente não pode ser com-

274b1 posto de uma infinidade delas, pois visto que os *movimentos primários*[90] são numericamente finitos, as diferentes espécies de corpos simples são também necessariamente finitas do ponto de vista do número. O movimento de um corpo simples, com efeito, é simples; a despeito disso, o número dos movimentos simples é finito, e todo corpo natural possui necessariamente e sempre um movi-

5 mento. Se o [corpo] infinito tem que ser composto de um número finito [de elementos], cada uma dessas *partes*[91] é necessariamente infinita, digamos a água ou o fogo. É impossível, visto termos já demonstrado a inexistência do peso ou da leveza infinitos. Junte-se a isso que seria necessário que seus *próprios lugares*[92] fossem de ex-

10 tensão infinita, o que determinaria que todos os seus movimentos fossem igualmente infinitos. Isso é impossível, a confiarmos na verdade de nossas hipóteses iniciais, a saber, que por idêntica razão não é possível ao corpo de movimento descendente nem àquele de movimento ascendente se moverem ao infinito. De fato, não é possível a uma coisa, igualmente no que se refere à qualidade, à quantidade e ao lugar,[93] estar se tornando o que não pode ser.

15 O que quero dizer é que, diante da impossibilidade de algo *se tornar*[94]

---

88. ...ἀνομοιομερὲς ἅπαν ἢ ὁμοιομερές... (*anomoiomerès hápan è homoiomerés*), o que equivale a dizer *composto por partes dessemelhantes ou semelhantes*.

89. ...εἰδῶν... (*eidôn*), mas Aristóteles quer dizer, aparentemente, elementos do prisma da forma ou espécie.

90. ...πρώτων κινήσεων... (*próton kinéseon*).

91. ...μορίων... (*moríon*), ou seja, elementos do ponto de vista da forma ou espécie. Ver nota 89.

92. ...τόπους αὐτῶν... (*tópoys aytôn*), ou seja, os lugares das partes (elementos).

93. Aristóteles refere-se a três das dez categorias. Ver *Órganon*, "Categorias", IV, 1b25-2a1.

94. ...γενέσθαι... (*genésthai*), mas Aristóteles parece estar se referindo ao ser e não ao vir a ser, ou seja, *ser* branco e não *se tornar* branco. Ele vai contrapor a impossibilidade de ser ao vir a ser (tornar-se).

branco,[95] ou ter *um cúbito de comprimento*,[96] ou estar *no Egito*,[97] também é para ele impossível estar se tornando essas coisas. É, portanto, impossível deslocar-se a um lugar onde nada em movimento poderia jamais chegar. Ademais, se o [elemento] é disperso no todo, seria concebível que o total do fogo fosse infinito. O corpo, porém, tal como o definimos, é aquilo que possui extensão em todas as direções. Como é possível, nesse caso, existir vários [corpos[98]] dessemelhantes e individualmente infinitos? Cada um deles tem que ser infinito em todas as direções.

Por outro lado, também topamos com a impossibilidade de [o corpo] infinito ser inteiramente homogêneo. Para começar, inexiste qualquer outro movimento, exceto os que indicamos. Consequentemente, um deles teria que ser a ele atribuído. Resultado: teríamos que admitir ou o peso infinito ou a leveza infinita. Tampouco é possível que o corpo que se move em círculo constitua infinito. O movimento circular do infinito é impossível; afirmar que é possível equivale a afirmar que o céu é infinito, algo cuja impossibilidade foi demonstrada. Efetivamente para o infinito todo movimento é impossível. Teria que se mover naturalmente ou ser constrangido a fazê-lo, caso em que seria imperioso ser dotado de um movimento natural e de um outro lugar de grandeza equivalente à sua, para o qual seu movimento seria dirigido. Eis o impossível.

É *inteiramente impossível*[99] que o infinito sofra a ação do finito, ou que aquele possa exercer ação sobre este: isto pode ser mostrado da maneira que se segue.

275a1   Imaginemos que A seja um infinito, B um finito, e C o tempo em que um produz ou sofre a ação cinética do outro. Suponha-se que A é aquecido, impulsionado ou modificado de qualquer maneira, ou levado a experimentar qualquer movimento devido à ação de B

---

95. ...λευκὸν... (*leykòn*). Qualidade.

96. ...πηχυαῖον... (*pekhyaîon*). Quantidade.

97. ...ἐν Αἰγύπτῳ... (*en Aigýptoi*). Lugar.

98. Entendemos corpos, o que nos parece contextualmente mais coerente, mas poderia ser também partes, isto é, elementos.

99. ...ὅλως ἀδύνατον... (*hólos adýnaton*).

LIVRO I | 65

no tempo C. Imaginemos D menor do que B e que o *motor me-*
5 *nor*[100] move uma quantidade menor num tempo igual. E que E seja
a quantidade passiva alterada por D. Assim, como D é para B, será
E para alguma quantidade finita. É de se supor que em tempo igual
um agente igual produzirá igual quantidade passiva de alteração; um
agente menor, menos, enquanto um agente maior, mais – e mais na
10 proporção em que o agente maior supera o menor. Portanto, o infinito não pode ser movido pelo agente finito em tempo algum, pois
uma quantidade passiva menor será movida concomitantemente
por um agente menor; ademais, qualquer coisa que guarde uma
proporção com esse agente será finita, uma vez que finito e infinito
não mantêm nenhuma relação proporcional entre si.

Isso demonstra que o infinito não pode sofrer ação do finito.[101]
Tampouco, por sua vez, pode o infinito atuar cineticamente sobre
15 o finito em *nenhum tempo.*[102] Suponhamos que A seja um infinito,
B um finito e C o tempo. No tempo C, D atuará cineticamente
sobre uma quantidade passiva menor do que B. Suponhamos ser
F essa quantidade menor. Suponhamos, outrossim, que E guarda a
mesma relação proporcional com D que BF inteiro guarda com F.
Então E atuará cineticamente sobre BF no tempo C. A conclusão é
20 que o finito e o infinito produzirão a mesma alteração num tempo
igual. Isso, todavia, é impossível, pois contraria nossa hipótese de
o agente maior exercer seu efeito em tempo inferior. Indiferentemente ao tempo despendido, o resultado será sempre idêntico, de
modo que nenhum tempo há em que o infinito atua cineticamente.
No tempo infinito nada pode mover ou ser movido; de fato, esse
tempo não tem limite, ao passo que *a ação e a paixão têm.*[103]

---

100. ...ἔλαττον κινείτω... (*hélatton kineíto*). O motor é aquilo que move alguma outra
coisa, ou seja, o agente do movimento.

101. Este período em *itálico*, apropriadamente complementar, é de Guthrie.

102. ...οὐθενὶ χρόνῳ... (*oythenì khrónoi*).

103. ...ἡ δὲ ποίησις καὶ τὸ πάθος ἔχει... (*he dè poíesis kaì tò páthos ékhei*). Aristóteles emprega ποίησις (*poíesis*), produção, cri(ação), mas o sentido técnico aqui é certamente
o de πρᾶξις (*prâxis*) na clássica e fundamental oposição desta a πάθος (*páthos*), ou
seja a ação sobre (ativo) se contrapondo à paixão, o estar submetido a, sofrer a ação
de (passivo). Não esqueçamos, ademais, que ação e paixão são categorias.

66 | DO CÉU

25 Tampouco pode o infinito sofrer a ação do infinito. Imaginemos que A e B sejam infinitos e que CD seja o tempo no qual B é submetido à ação de A. Se E constitui *a parte do infinito*,[104] como foi num dado tempo em que o infinito todo B sofreu ação, não é possível que E seja submetido à ação em tempo igual a um mesmo grau; com efeito, pode para nós ser uma hipótese uma quantidade menor ser movida *a uma igual extensão*[105] num tempo menor. Su-

30 ponhamos, portanto, que foi no tempo D que E foi movido por A. Suponhamos que E relaciona-se identicamente com outra parte finita de B como D com CD. Infere-se que essa parte será necessariamente movida por A num tempo CD, pois ao atuar um agente idêntico, as quantidades – tanto a maior quanto a menor – serão

275b1 afetadas, a maior num tempo mais longo, enquanto a menor num mais curto, desde que elas sejam proporcionais aos tempos. Consequentemente, não é de modo algum possível que num tempo finito o infinito seja movido pelo infinito. Esse tempo seria infinito e não tem fim, ao passo que a coisa movida tem.

5 Se, portanto, *todo corpo perceptível sensorialmente tem capacidade de exercer ação, ou de sofrer ação, ou ambas*,[106] é impossível que um corpo infinito seja sensorialmente perceptível. Entretanto, todos os corpos que ocupam um espaço são perceptíveis sensorialmente. A conclusão é não existir nenhum corpo infinito *além do céu*.[107] Contudo, tampouco existe algo limitado do prisma da extensão, de modo a não existir absolutamente corpo algum fora do céu.

10 Se inteligível, está de alguma maneira num lugar, uma vez que *fora e dentro*[108] denotam lugar. Resulta que é *sensível*.[109] Nada que não se situe no espaço é sensorialmente perceptível.[110]

---

104. ...τοῦ ἀπείρου μέρος... (*toŷ apeíroy méros*).

105. Guthrie.

106. ...πᾶν σῶμα αἰσθητὸν ἔχει δύναμιν ποιητικὴν ἢ παθητικὴν ἢ ἄμφω, ... (*pân sôma aisthetòn ékhei dýnamin poietikèn è pathetikèn è ámpho,*).

107. ...ἔξω τοῦ οὐρανοῦ... (*éxo toŷ oyranoŷ*), ou fora do céu, mas a ideia é a mesma.

108. ...ἔξω καὶ ἔσω... (*éxo kaì éso*).

109. ...αἰσθητόν...(*aisthetón*), ou seja, algo que é sensorialmente perceptível.

110. Quer dizer: somente o que ocupa espaço é perceptível sensorialmente.

LIVRO I | 67

É igualmente possível tentar uma demonstração *mais lógica*.[111]
Não é possível que o movimento do infinito e homogêneo seja circular, uma vez que não existe centro do infinito e o movimento
15 circular [de alguma coisa] ocorre em torno de um centro. Tampouco
o infinito pode mover-se em linha reta, pois isso requereria um outro lugar equivalente,[112] infinito, que servisse de meta para seu movimento natural, e ainda um outro, de mesma grandeza, que servisse
de meta para seu movimento não natural. Ademais, independentemente de seu movimento retilíneo ser natural ou forçado, em ambos
20 os casos *a força motriz*[113] é infinita; de fato, força infinita é exclusivamente daquilo que é infinito, e a força de algo infinito só pode ser
infinita. Portanto, nesse caso, *o motor*[114] também será infinito (em
nosso tratado sobre o movimento,[115] há uma demonstração de que
nenhuma coisa finita possui potência infinita, e nenhuma infinita,
potência finita). Em consonância com isso, se aquilo que se move
naturalmente pode também ser movido não naturalmente, *haverá*
25 *dois infinitos, o motor dessa maneira e o movido*.[116] Mas o que é o
motor do infinito? Se ele move a si mesmo, é *vivo*.[117] Mas como seria
possível existir isso, um ser vivo infinito? Se existir um motor para
o infinito, dele distinto, haverá dois infinitos, o motor e o movido,
diferindo em forma e potência.[118]

---

111. ...Λογικώτερον... (*Logikóteron*), mas Aristóteles está se referindo à tentativa de demonstração via dialética que, embora válida, é menos rigorosa que a demonstração "científica ou física". Para a distinção entre argumentação dialética e científica, o leitor deve consultar, sobretudo, *Analíticos Posteriores*, quarto tratado do *Órganon*, especialmente os capítulos I e II do Livro I.

112. Ou seja, de igual grandeza.

113. ...τὴν κινοῦσαν ἰσχύν... (*tèn kinoŷsan iskhýn*).

114. ...τὸ κινοῦν... (*tò kinoŷn*), genericamente, a coisa que move outra coisa; mais restritamente, o corpo que move outro corpo ou outra coisa.

115. A *Física*. A demonstração encontra-se no Livro VIII, capítulo 10.

116. ...ἔσται δύο ἄπειρα, τό τε κινοῦν οὕτω καὶ τὸ κινούμενον... (*éstai dýo ápeira, tó te kinoŷn hoýto kaì tò kinoýmenon*), ou, numa tradução menos literal: haverá dois infinitos, o agente do movimento [não natural] e o que a ele está submetido.

117. ...ἔμψυχον... (*émpsykhon*), animado, dotado de alma, de princípio vital.

118. Estas questões cruciais e viscerais, do motor e do movido (...τό τε κινοῦν καὶ τὸ κινούμενον... [*tó te kinoŷn kaì tò kinoýmenon*]), que não se esgotaram na *Física* e cuja investigação culminará no conceito aristotélico de ...πρώτων κινοῦν...

68 | DO CÉU

30   Se *o todo*[119] não é contínuo, suas partes estando dissociadas pelo vazio, como sustentam Demócrito e Leucipo,[120] todas as partes participarão necessariamente de um só movimento. São distinguidas entre si por suas *configurações*;[121] a natureza delas, segundo dizem,
276a1   é idêntica, tal como se cada uma isoladamente fosse uma peça de ouro. Como dissemos, o movimento das partes é necessariamente idêntico; de fato, a terra e um só torrão de terra executam um movimento num mesmo rumo; de modo semelhante, a massa total de fogo e uma única centelha dirigem-se ao mesmo espaço. A conclu-
5   são é que, se todos tiverem peso, nenhum desses corpos será – a nos expressarmos em termos absolutos – leve e, se todos tiverem leveza, nenhum será pesado. Ademais, se apresentarem peso ou leveza, resultará que o universo terá ou um limite num ponto mais extremo, ou um centro. Mas, sendo ele infinito, isso é impossível. Em geral, onde não existe nem centro nem extremo, nem ascendente nem descendente, falta aos corpos um lugar para onde dirigir seu
10   movimento. E nesse caso não haverá movimento, pois este é necessariamente natural ou não natural, os quais são determinados por referência aos lugares, os próprios e os estranhos. Por outro lado, se uma coisa está em repouso ou realiza um movimento que se opõe à sua natureza, o lugar tem que ser naturalmente próprio a alguma outra coisa (algo em que podemos crer *a partir da indução*[122]) e se
15   conclui necessariamente que nem tudo é dotado de peso ou leveza, mas algumas coisas sim e outras não.

(*próton kinoŷn* [primeiro motor]) recebem uma resposta na *Metafísica*, sobretudo no Livro XII. Não foi por acaso que o Estagirita chamou a física (a ciência da natureza) de *filosofia segunda*, e o que chamamos de metafísica (a ciência do ser enquanto ser) de *filosofia primeira*.

119. ...τὸ πᾶν... (*tò pân*), o universo.

120. Demócrito de Abdera e Leucipo de Abdera (de Eleia ou de Mileto), respectivamente discípulo e mestre, floresceram no século V a.C., e são representantes da doutrina atomista, filósofos da natureza pré-socráticos.

121. ...σχήμασιν... (*skhémasin*): apenas suas configurações as diferenciam, o que se harmoniza com o conceito de ἄτομος (*átomos*), que para Leucipo e Demócrito é o elemento (partícula) primordial que constitui a matéria de toda a natureza, elemento insuscetível de divisão, *indivisível*, que é o significado ordinário da própria palavra.

122. ...ἐκ τῆς ἐπαγωγῆς... (*ek tês epagogês*). A indução, em contraposição à dedução (silogismo), é o raciocínio que procede de proposições particulares para atingir

Com base no que foi exposto, fica evidente que o corpo do universo não é infinito.

8

CABE EXPLICAR AGORA a razão de não poder existir mais do que um[123] *mundo*,[124] questão que nos dispomos a examinar porque é possível enfrentarmos a objeção de que não demonstramos em ca-
20 ráter universal a impossibilidade de quaisquer corpos existirem fora deste *mundo*,[125] uma vez que a argumentação que apresentamos teria dito respeito somente àqueles sem posição determinada.

Todas as coisas estão em repouso e movem-se forçadas a fazê-lo ou naturalmente; uma coisa se move conforme a natureza para onde repousa sem ser forçada, e assim se comporta[126] no lugar para onde se
25 move conforme a natureza. É pela ação da força que se move ao lugar em que repousa na mesma condição,[127] e repousa por ação da força ali para onde se move por ação da força. Além disso, se um determinado movimento é por ação da força, seu contrário é natural. Se

---

conclusões universais. Nas palavras do próprio Aristóteles: "A indução é o racio-cínio caracterizado pelo progresso dos particulares para os universais." (*Órganon*, "Tópicos", Livro I, XII, 105a10). Aristóteles também afirma (*Tópicos*, Livro I, XII, 105a15) que a indução é "mais facilmente apreendida pela percepção senso-rial, sendo compartilhada pela maioria das pessoas;", o que parece explicar por-que Guthrie, nesse contexto, entenda *experiência* em lugar de *indução*.

123. Quer dizer, dois mundos ou mais, a pluralidade dos mundos.

124. ...οὐρανοὺς... (*oyranoỳs*), segundo os textos de Bekker e de D. J. Allan. Guthrie, ainda que com base no texto de Bekker, prefere entender aqui *mundo*; J. L. Stocks, traduzindo o texto de D. J. Allan, mantém *céu*. Optamos pela posição de Guthrie por uma mera coerência com 276b21-22, onde, inclusive Bekker, registra κόσμους (*kósmoys*), mundos.

125. ...κόσμου... (*kósmoy*).

126. Ou seja, entra em repouso sem ser constrangida a fazê-lo.

127. Ou seja, pela ação da força.

70 | DO CÉU

portanto, é devido à força que *a Terra*[128] se move a partir de lá[129] rumo ao centro aqui, é natural o seu movimento daqui para lá; e se, tendo o lá como seu ponto de origem, ela aqui repousa sem o
30 concurso da força, também é natural o seu movimento para cá; com efeito, o movimento natural é uno. Que se acresça que *todos os mundos*[130] são necessariamente compostos dos mesmos corpos, sua natureza sendo semelhante à do nosso. Ao mesmo tempo, cada
276b1 um desses corpos – e me refiro ao fogo, à terra e aos seus intermediários – possui necessariamente as mesmas potências; de fato, se as coisas de um outro mundo se assemelhassem às do nosso por igualdade de nome, e não por possuírem *a mesma forma*,[131] o todo (universo) a que pertencem só poderia ser chamado de mundo por homonímia. Resulta que uma delas[132] se moverá naturalmente de
5 maneira centrífuga, enquanto outra o fará de maneira centrípeta, visto que todo o fogo é idêntico ao fogo,[133] tal como o são as diferentes *porções do fogo*.[134] Que assim é resulta necessária e claramente de nossas hipóteses acerca dos movimentos; são eles, de fato, numericamente limitados e *os elementos*,[135] cada um deles, recebe um
10 movimento que lhe é particular. Por conseguinte, se os movimentos são idênticos, os elementos, onde quer que estejam, também o são necessariamente. A conclusão é que é natural ser rumo a este mundo que *as porções de terra*[136] num outro mundo se movem centripetamente, como o é para o fogo nele mover-se para o extremo deste mundo. Isso, todavia, é impossível, pois se assim fosse, a terra
15 teria que se mover *em seu próprio mundo*[137] ascendentemente, e o

---

128. ...ἡ γῆ... (*he gê*).

129. Um lugar qualquer.

130. ...πάντας τοὺς κόσμους... (*pántas toỳs kósmoys*).

131. ...τὴν αὐτὴν ἰδέαν... (*tèn aytèn idéan*).

132. Nossa concordância gramatical é com coisas, mas entenda o leitor que as coisas a que Aristóteles se reporta são os corpos ou elementos.

133. ...a terra, à terra, ... – inclusão de Stocks que traduz com base em D. J. Allan.

134. ...μόρια τοῦ πυρός. ... (*mória toŷ pyrós.*).

135. ...τῶν στοιχείων... (*tôn stoikheíon*).

136. ...τῆς γῆς μόρια... (*tês gês mória*).

137. ...ἐν τῷ οἰκείῳ κόσμῳ... (*en tôi oikeíoi kósmoi*).

fogo centripetamente. Do mesmo modo, a terra deste mundo se moveria, conforme a natureza, centrifugamente ao se mover em direção do centro de um outro, em razão de uma suposta reciprocidade dos mundos. Somos obrigados a escolher entre duas alternativas: ou negamos a identidade de natureza dos *corpos simples dos* 20 *vários mundos*,[138] ou a admitimos, sendo forçados a conceber a unidade do centro e do extremo; *assim sendo, é impossível existir mais mundos do que um.*[139]

A proposição de que os corpos simples, por estarem menos ou mais distantes de seus próprios lugares, apresentam uma diferença de natureza, é irracional. Afinal, que diferença faz dizer que distam 25 isso ou aquilo? Que se diferenciem quanto à *proporção*,[140] a qual aumenta com o aumento do distanciamento; a *forma*,[141] porém, permanece a mesma. É necessário existir um movimento que se ajuste a eles, pois é evidente que se movem. Diríamos então que todos seus movimentos são por ação de força, inclusive quando reciprocamente contrários? Mas uma coisa destituída absolutamente de qualquer movimento natural não pode ser movida mediante força. Se são dotados de um movimento natural, temos que supor 30 que, uma vez detentores individualmente da mesma forma, seu movimento é na direção de um lugar numericamente uno e idêntico, digamos na direção de um centro particular e de um extremo 277a1 particular. Poder-se-ia conceber que aquilo a que se dirigem em seus movimentos é numericamente múltiplo, mas uno do ponto de vista da forma, analogamente às próprias coisas individuais que, embora numericamente múltiplas, são indistinguíveis do ponto de vista da forma; não ocorre diferenciação em relação a uma porção

---

138. ...ἁπλῶν σωμάτων ἐν τοῖς πλείοσιν οὐρανοῖς... (*haplôn somáton en toîs pleiosin oyranoîs*). Ver nota 124.

139. ...τούτου δ᾽ ὄντος ἀδύνατον εἶναι κόσμους πλείους ἑνός... (*toýtoy d'óntos adýnaton eînai kósmoys pleíoys henós*). Bekker registra ἀτόπου (*atópoy*), que significa absurdo, despropositado, entre ὄντος (*óntos*) e ἀδύνατον (*adýnaton*), o que é rejeitado por Guthrie. Com sumo respeito ao extremo rigor erudito de Guthrie, parece-nos que a inserção suplementar de Bekker, embora dispensável, não peca por inconsistência.

140. ...λόγον... (*lógon*).

141. ...εἶδος... (*eîdos*).

72 | DO CÉU

ou outra, devendo abranger todas igualmente. Igualmente indistinguíveis do ponto de vista da forma, são, contudo, numerica-
5 mente distintas entre si. O que quero dizer é o seguinte: se há uma
identidade de comportamento no que diz respeito às porções deste
mundo e aquelas de um outro nas suas relações recíprocas, nesse
caso o que é aqui tomado[142] não terá uma conduta diferente relativamente às porções de um outro mundo e às suas próprias, mas sim
semelhante, uma vez que do ponto de vista da forma não diferem
entre si. Em decorrência disso, ou abrimos mão de nossas hipóte-
10 ses iniciais, ou reconhecemos a existência necessária de apenas um
centro e um extremo. Sendo assim, infere-se, com base na mesma
evidência e mesma necessidade, que o *mundo*[143] tem que ser um,
não sendo possível existir mais do que um.

Existir um ponto na direção do qual a terra e o fogo naturalmente se movem se evidencia ao examinarmos outros tipos de
movimento. Em termos gerais, define-se o movimento como uma
15 mudança de um estado para outro, sendo partida e chegada[144] diferentes do ponto de vista da forma. Ora, toda *mudança*[145] é limitada; por exemplo, para um paciente em tratamento e processo de
cura, estes ocorrem entre [os estados] de doença e saúde, enquanto para qualquer coisa que cresce, entre [os estados] de pequenez e
grandeza. O mesmo ocorre com aquilo que é movido localmente,
que efetivamente se desloca de um lugar para outro. Consequentemente, é forçoso que o ponto de partida e a meta de seu movimento natural distingam-se quanto à forma, tal como no que
20 tange ao paciente em tratamento, o rumo de sua mudança não
é nem ditado pelo acaso, nem pelos *desejos do motor*.[146] Assim, o

---

142. Ou seja, a porção aqui tomada.

143. ...οὐρανὸν... (*oyranòn*).

144. Quer dizer, respectivamente o primeiro e o segundo estado.

145. ...μεταβολή... (*metabolé*).

146. ...βούλεται ὁ κινῶν... (*boýletai ho kinôn*): essa tradução literal afigura-se ines-
capável a fim de preservarmos a fraseologia aristotélica típica da *Física*. Mas é
mais metafórico do que técnico. Aristóteles refere-se a uma espécie de autonomia
do paciente no processo de cura (isto é, na mudança do estado de enfermo para
aquele de sadio), que independe (enquanto reação do paciente ao tratamento) não
só do acaso, como também do médico (agente ou motor).

LIVRO I | 73

fogo e a terra não se movem para o infinito, mas para pontos contrários; no que diz respeito ao lugar, os contrários são o acima e o abaixo, que serão os limites de seu movimento. (No movimento circular, inclusive, ocorre uma oposição entre os extremos, ainda que esse movimento, considerado como um todo, seja destituído
25 de contrário; por conseguinte, mesmo nesse caso, o movimento, de algum modo, visa ao contrário e ao finito.) Impõe-se, assim, a necessidade de existir um fim. Nenhum movimento local pode dirigir-se ao infinito.

Constitui evidência de o movimento local não ser infinito o fato de a terra ter a velocidade de seu movimento aumentada à medida que se avizinha do centro, enquanto o fogo ganha velocidade à medida que se aproxima do alto. Se o movimento se processasse
30 rumo ao infinito, sua velocidade também seria infinita e, sendo a velocidade assim, o peso e a leveza também o seriam. Com efeito, tal como é o peso que determina, dentre duas coisas, a celeridade daquela que ocupa a posição inferior, um aumento infinito de peso requereria um aumento infinito da velocidade.

277b1   Não é uma ação estranha que determina que [um elemento] mova-se de maneira ascendente, enquanto o outro se mova de maneira descendente. Não é, tampouco, a força, a extrusão,[147] como alguns afirmam; se assim fosse, quanto maior a quantidade de fogo, mais lento seria o seu movimento ascendente, e quanto maior a quantidade de terra, mais lento seria o seu movimento descendente, quando o que acontece é o contrário: quanto maior a quantidade de fogo ou de terra, mais rápido é sempre o seu movimento
5 para o lugar que lhe é próprio. Tampouco, caso fosse causado por força e extrusão, o movimento [do elemento] ganharia velocidade próximo ao seu fim, pois à medida que o agente da força se distancia, o movimento sob a ação da força invariavelmente perde velocidade, e as coisas movem-se, livres da ação da força, para onde esta foi exercida para movê-las. Assim, essas considerações bastam para conferir credibilidade às nossas afirmações.

---

147. ...τῇ ἐκθλίψει... (têi ekthlípsei).

74 | DO CÉU

10   Também os *argumentos da filosofia primeira*[148] poderiam demonstrá-lo, bem como [a natureza] do movimento circular, este necessariamente eterno neste e nos demais mundos.[149] A necessária unidade do *mundo*[150] é evidenciada também segundo o exame que se segue. *Com efeito, existem três elementos*
15   *corpóreos*[151] e, por conseguinte, três lugares para esses elementos, a saber, um em torno do centro para o corpo que desce, outro – o mais extremo – para aquele que circula, e um terceiro, o intermediário, para o corpo mediano. O lugar entre o centro e o extremo é onde está necessariamente [o corpo] que se situa na superfície. Se aí não estiver situado, estará fora. Mas é impossível estar fora, pois temos aqui um corpo destituído de peso e outro pesado, o lu-
20   gar mais baixo cabendo ao corpo com peso, porquanto a região em torno do centro foi atribuída ao corpo pesado. Por outro lado, não lhe é possível ocupar uma posição que lhe fosse não natural, já que esta teria que ser natural para um outro [corpo]; bem, como vimos, não existe outro. É imperioso, portanto, que ele ocupe *o espaço*

---

148. ...πρώτης φιλοσοφίας λόγων... (*prótes philosophías lógon*). Filosofia primeira é o nome dado por Aristóteles ao que chamamos depois dele de *metafísica*, a ciência da investigação do ser enquanto ser. Em continuidade com a física (filosofia segunda – δευτέρας φιλοσοφίας [*deytéras philosophías*]) é, como esta, uma ciência (ἐπιστήμη [*epistéme*]) intelectual (διανοητική [*dianoetiké*]), que ele também designa como especulativa, contemplativa (θεωρητική [*theoretiké*]). Toda ciência especulativa a nada visa que transcenda o seu objeto intelectual, seja a ação (πρᾶξις [*prâxis*]), que está no domínio das ciências práticas, como a ética e a política, seja a produção ou criação (ποίησις [*poíesis*]), que está no domínio das ciências produtivas ou *poiéticas*, como a escultura e a medicina. O razão de Aristóteles chamar o que chamamos de metafísica de filosofia *primeira* e a física de filosofia *segunda* é conferir à primeira maior importância do que à física na hierarquização das ciências no seu sistema filosófico, e nada tem a ver com a ordem da exposição desse sistema, já que nesse aspecto a *Física* é anterior à *Metafísica*.

149. ...κόσμοις... (*kósmois*).

150. ...οὐρανόν... (*oyranón*).

151. ...τριῶν γὰρ ὄντων τῶν σωματικῶν στοιχείων... (*triôn gàr ónton tôn somatikôn stoikheíon*). Neste contexto e na imediata sequência Aristóteles emprega indiscriminadamente as expressões ...σωματικῶν στοιχείων... [*somatikôn stoikheíon*] (elementos corpóreos), ...στοιχείων... [*stoikheíon*] (elementos) e ...σώματος... [*sómatos*] (corpo). Conceitualmente trata-se da mesma coisa.

LIVRO I | 75

intermediário.[152] Quanto a este, suas diferenças serão objeto de nossa discussão posterior.

O exposto serve à guisa de esclarecimento no que se refere aos
25 elementos corpóreos: suas qualidades, seu número, o lugar que cabe a cada um e – do ponto de vista geral – a quantidade dos lugares.

9

NÃO APENAS O *MUNDO*[153] é uno, como também o vir a ser de mais de um é impossível; que se acresça que é eterno, sendo indestrutível e não gerado. Mas como, encarando de um certo prisma, pareceria
30 impossível ser o próprio *singular e uno*,[154] principiemos por um levantamento de alguns embaraços. No tocante a todos os produtos da natureza e da arte pode-se distinguir entre *a configuração em si mesma e por si mesma*[155] e tal como associada à matéria. Numa esfe-
278a1 ra, por exemplo, são coisas diferentes *a forma*[156] e a forma de ouro ou de bronze; também no círculo, *configuração*[157] e aro de bronze ou de madeira são distintos. *Com efeito, na definição do o que é a esfera ou círculo*[158] não estão incorporadas as definições de ouro ou bronze porque não pertencem à *substância*[159] da esfera ou do círculo; entre-
5 tanto, se nosso propósito é definir a esfera de bronze ou de ouro, nós

---

152. ...τῷ μεταξὺ... (*tôi metaxỳ*).

153. ...οὐρανός... (*oyranós*).

154. ...ἕνα καὶ μόνον... (*héna kaì mónon*).

155. ...αὐτή τε καθ᾽ αὑτὴν ἡ μορφή... (*aytḗ te kath'haytḕn he morphḕ*).

156. ...τὸ εἶδος... (*tò eîdos*). Como de costume, Aristóteles parece usar termos diferentes para um mesmo conceito. Parece estar querendo dizer o mesmo com μορφή (*morphé*), configuração, e εἶδος (*eîdos*), forma, conceito que se contrapõe e polariza com ὕλη (*hýle*), matéria. Assim entendemos (havendo até tradutores que preferem usar um único termo), apesar do texto em 278a14-16 logo adiante.

157. ...μορφὴ... (*morphè*). Ver nota anterior.

158. ...τὸ γὰρ **τί ἦν εἶναι** λέγοντες σφαίρᾳ ἢ κύκλῳ... (*tò gàr* **tí ên eînai** *légontes sphaírai è kýkloi*). Aristóteles refere-se à essência da esfera ou do círculo. Negritos nossos.

159. ...οὐσίας... (*oysías*).

76 | DO CÉU

as incorporamos. E insistimos nesse procedimento mesmo quando não conseguimos conceber e apreender algo que vá além do particular. Que isso pudesse por vezes acontecer não seria de estranhar. Por exemplo, na apreensão de um único círculo, seria mantida a diferença entre a *essência do círculo e a desse círculo*.[160] O primeiro é forma, ao passo que o segundo é forma na matéria e pertence ao 10 particular. Bem, como o *mundo*[161] é sensorialmente perceptível, só pode ser concebido como um particular, porque a matéria contém todo o perceptível pelos sentidos. E sendo um particular, impõe-se a diferença entre a essência deste nosso mundo particular e aquela do mundo em sentido universal. Este mundo particular e o *mundo em sentido universal*[162] são, assim, distintos, este último sendo tomado como *forma e configuração*[163], enquanto o primeiro é o que 15 incorpora e associa matéria. É possível que particulares possuidores de *configuração e forma*[164] sejam ou possam tornar-se mais de um. Assim seria forçosamente se houvesse *Formas*[165] com uma existência própria, como afirmam alguns,[166] e mesmo nada havendo desse tipo, ou seja, de existência independente. Nossa observação indica que em toda parte em que a substância está presente na matéria há 20 uma multiplicidade, inclusive numericamente infinita, de coisas de forma idêntica, de maneira a concebermos a existência ou a possibilidade de existência da pluralidade dos *mundos*.[167]

---

160. ...τὸ κύκλῳ εἶναι καὶ τῷδε τῷ κύκλῳ... (*tò kýkloi eînai kaì tôide tôi kýkloi*).

161. ...οὐρανὸς... (*oyranòs*).

162. ...οὐρανὸς ἁπλῶς... (*oyranòs haplôs*), literalmente o mundo num sentido simples, não qualificado, absoluto.

163. ...εἶδος καὶ μορφή... (*eîdos kaì morphé*). Ver nota 156.

164. ...μορφή τις καὶ εἶδος... (*morphé tis kaì eîdos*). Ver nota 156.

165. ...εἴδη... (*eíde*), mas Aristóteles acena aqui para a concepção específica de Platão de formas, ou seja, as Ideias, realidades originais, singulares, imutáveis, eternas, necessárias, absolutas do mundo inteligível (νοητὸς τόπος [*noetòs tópos*]) que servem de matriz e modelo para todas as coisas do mundo sensível (αἰσθητὸς τόπος [*aisthetòs tópos*]), múltiplas, mutáveis, perecíveis, contingentes, relativas, que são apenas cópias ou simulacros (εἴδωλα [*eídola*]) das Ideias do mundo inteligível. Ver o diálogo *Parmênides* de Platão.

166. Isto é, Platão e os platônicos.

167. ...οὐρανοὶ... (*oyranoi*).

LIVRO I | 77

Com base no exposto, seria o caso de concluirmos pela existência ou possibilidade de existência da pluralidade dos mundos. Refaçamos nossos passos e apuremos quais são as afirmações corretas e as incorretas pertinentes a isso. Distinguir entre duas definições de *forma*,[168] 25 *sem a matéria e na matéria*[169] é correto e pode ser considerado verdadeiro. Contudo, não acarreta consigo necessariamente a pluralidade dos *mundos*[170] e nem a possibilidade de seu vir a ser, porquanto este mundo encerra a totalidade da matéria existente. O significado do que digo talvez fique mais claro se o disser do modo que se segue. Tenhamos que a aquilinidade seja uma curvatura nasal ou na carne e 30 suponhamos ser a carne a matéria da aquilinidade. Se supuséssemos, por outro lado, a combinação de todas as porções de carne numa única carne qualificada aquilinamente, nada mais seria aquilino e seria eliminada a possibilidade de qualquer coisa vir a sê-lo. Considerando, ademais, que a matéria do ser humano é carne e ossos, se o ser humano se originasse da totalidade de carne e ossos existente, sendo estes 35 indecomponíveis, ficaria impossibilitada a existência de um outro ser humano. O mesmo ocorre em todos os casos e admite a seguin-278b1 te formulação geral: as coisas cuja substância conta com *substrato na matéria*[171] não podem vir a ser se não houver matéria alguma. Ora, o mundo está entre os particulares e é constituído de matéria. Porém, se é constituído não por uma porção dela, mas indiscriminadamen-5 te por toda a matéria, então *ser o mundo ele mesmo e este mundo são coisas distintas*;[172] apesar disso, não existe um outro mundo e sequer a possibilidade de seu vir a ser, porque este contém toda a matéria.

Resta, portanto, demonstrar que [este mundo] é constituído pela totalidade do corpo perceptível natural. Vejamos primeira-10 mente o que entendemos por *uranos*[173] e quantos sentidos são atri-

---

168. ...μορφῆς... (*morphês*). Aristóteles nem sempre prima pelo rigor terminológico.

169. ...ἄνευ τῆς ὕλης καὶ τὸν ἐν τῇ ὕλῃ... (*áney tês hýles kaì tòn en têi hýlei*).

170. ...κόσμους... (*kósmoys*).

171. ...ὑποκειμένῃ τινὶ ὕλῃ... (*hypokeiménei tinì hýlei*).

172. ...τὸ μὲν εἶναι αὐτῷ οὐρανῷ καὶ τῷδε τῷ οὐρανῷ ἕτερόν ἐστιν, ... (*tò mèn eînai aytôi oyranôi kaì tôide tôi oyranôi héterón estin,*).

173. ...οὐρανὸν... (*oyranòn*). Até aqui, nossa palavra *mundo*, traduzindo ao menos precariamente οὐρανός (*oyranós*), deu conta de um dos sentidos contemplados por

78 | DO CÉU

buídos a essa palavra, visando a impor mais clareza ao objeto de nossa investigação. Num primeiro sentido chamamos de uranos *a substância da circunferência extrema do universo*,[174] ou o *corpo natural*[175] situado na circunferência extrema do universo; de fato, costumamos chamar de uranos a região extrema, mais superior, a qual

15 também constitui, acreditamos, a morada de toda a divindade. Um outro sentido é o do corpo que dá continuidade à circunferência extrema do universo, ali onde estão a lua, o sol e certos astros, dos quais dizemos, de fato, que estão no uranos. Ainda atribuímos um outro sentido a uranos, a saber, empregando a palavra para indicar

20 todo o corpo encerrado pela circunferência extrema. Isso decorre de nosso hábito de conferir o termo uranos ao *todo e ao universo*.[176]

Eis os três sentidos de uranos, e o todo encerrado pela circunferência extrema inclui necessariamente a totalidade do corpo natural e perceptível sensorialmente, porque não existe nem é possível

25 vir a ser qualquer corpo fora do céu. De fato, a supor a existência de um corpo natural fora da circunferência extrema, seria forçosamente simples ou composto, e sua posição natural ou não natural. Ora, não é possível que seja um dos corpos simples, pois com respeito àquilo cujo movimento é circular, foi demonstrado que não é

30 capaz de deslocar-se. Tampouco pode ser aquilo cujo movimento é centrífugo ou que se move rumo à posição mais inferior. Como seus próprios lugares situam-se alhures, não é possível que estejam aí naturalmente; e se estão aí não naturalmente, esse lugar externo é naturalmente de algum outro corpo, pois, no tocante a dois cor-

35 pos, o lugar que é não natural para um é necessariamente natural para o outro. Foi constatado, porém, que além desses corpos não

---

Aristóteles. Entretanto, ela passará a dissecar na imediata sequência os múltiplos sentidos dessa palavra que, como tantas outras no grego, não é possível traduzir de modo plenamente satisfatório por um único vocábulo em português. Enquanto ele o fizer, nos limitaremos a indicar o termo grego transliterado. Na sequência posterior do tratado (ou seja, a partir de 278b25), traduziremos por céu, mundo etc., conforme a acepção específica apontada pelo Estagirita.

174. ...τὴν οὐσίαν τὴν τῆς ἐσχάτης τοῦ παντὸς περιφορᾶς, ... (*tèn oysían tèn tês eskhátes toŷ pantòs periphorâs,*).

175. ...σῶμα φυσικὸν... (*sôma physikòn*).

176. ...ὅλον καὶ τὸ πᾶν... (*hólon kaì tò pân*).

LIVRO I | 79

existe nenhum outro. E, na ausência de quaisquer dos corpos sim-
279a1 ples, nenhum dos compostos também estará presente, posto que a
presença destes implica a daqueles; tampouco é possível que qualquer um venha a ser naquele lugar, pois o fará naturalmente ou não
naturalmente, além do que será simples ou composto; e nesse caso
5 nos ateremos ao mesmo argumento, pois tanto faz investigar a existência de uma coisa ou se é possível que venha a ser.

Do que foi dito se evidencia tanto a inexistência quanto a completa impossibilidade de vir a ser qualquer massa corpórea fora
[do céu]; *o mundo como um todo*[177] é constituído pela totalidade
da matéria que lhe é própria (matéria própria, como constatamos,
constituída pelo *corpo natural e sensorialmente perceptível*[178]), daí
10 concluirmos a presente inexistência da pluralidade de mundos, a
passada, bem como pela impossibilidade futura do seu vir a ser.
Nosso mundo é singular, uno e completo. Evidencia-se também
que fora do céu inexiste espaço, ou vazio ou tempo, isto porque é
possível a presença de corpo em todo espaço. O vazio, na sua definição prosaica, é aquilo que, embora sem a presença do corpo, pode
15 vir a contê-lo; *tempo é o número do movimento*,[179] e sem corpo natural não existe este último. Ora, tendo sido demonstrado que *nem
existe nem é possível o corpo vir a ser*,[180] evidencia-se, assim, a inexis-

---

177. ...ὁ πᾶς κόσμος... (*hò pâs kósmos*), o todo do mundo, o mundo na sua totalidade.

178. ...φυσικὸν σῶμα καὶ αἰσθητόν... (*physikòn sôma kaì aisthetón*).

179. ...χρόνος δὲ ἀριθμὸς κινήσεως... (*khrónos dè arithmòs kinéseos*).

180. ...ὅτι οὔτ᾽ **ἔστιν** οὔτ᾽ ἐνδέχεται **γενέσθαι** σῶμα... (*hóti oýt᾽ **éstin** oýt᾽ endékhetai genésthai sôma*). O importantíssimo verbo εἰμί (*eimí*) significa ser, existir (onto-logicamente idênticos) precisamente em contraposição a γίγνομαι (*gígnomai*), ser gerado, nascer, tornar-se, vir a ser, passar a existir. Como o leitor pode perceber, este último verbo, embora único, mas multiplamente denotativo em grego, tem peso e conotação tanto biológicos quanto ontológicos. Embora para quem pense e escreva em grego obviamente não haja absolutamente nenhum problema, dificulta a tradução. Assim, optamos por alternar ou mesmo às vezes somar as expressões, mas dando relativa preferência às expressões (verbais ou substantivadas) que co-notam em português o sentido ontológico, como principalmente *vir a ser*. Quanto ao verbo εἰμί (*eimí*), traduzimos indiferentemente por ser ou existir (seu sentido é precisamente o mesmo), ou registramos nossas duas formas em português, exceto no caso de expressões já consagradas, como *ser* e *não ser*, que preferimos a *existir* e *não existir*, *vir a ser* de preferência a *vir a existir* etc. Negritos nossos.

80 | DO CÉU

tência ou de espaço, ou de vazio, ou de tempo fora do céu. Consequentemente, tudo quanto existe fora do céu é de tal natureza que não ocupa espaço algum, nem o tempo produz o seu envelhecimento; tampouco ocorre qualquer mudança das coisas situadas
20 além do movimento mais extremo: inalteráveis, impassíveis, fruem ininterrupto gozo da melhor e mais independente vida por toda a *duração*[181] desta; e nossos antepassados foram divinamente inspirados ao conceber esse nome. O período de tempo que abrange a extensão de vida de qualquer indivíduo, e que a natureza determina que não seja superado, designaram como a duração (*aion*).
25 A estabelecermos uma analogia, a extensão da consumação do céu inteiro, incorporando a totalidade do tempo e o infinito, é duração (*aion*), nome extraído de *sempre ser*,[182] sendo *imortal e divino*.[183] *O ser e a vida*[184] das outras coisas, para umas mais rigorosamente, para
30 outras precariamente, têm aí sua dependência.[185] *Nas obras filosóficas ordinárias*,[186] em que se aborda o divino, a noção sustentada nas discussões é a de que a divindade primordial e mais excelsa tem que ser completamente imutável, algo que corrobora nosso próprio discurso. Realmente, nada há de superior que possa movê-la (o que
35 tornaria isso mais divino do que ela); ela não possui nenhum defeito
279b1 em si, não lhe faltando quaisquer das belezas e nobrezas que lhe são próprias. É razoável também que se mova mediante um movimento incessante; com efeito, tudo detém o próprio movimento ao atingir o lugar que lhe é próprio, embora para o corpo que se move em círculo o seu lugar de partida e o de chegada sejam o mesmo.

---

181. ...αἰῶνα... (*aiôna*).

182. ...ἀεὶ εἶναι... (*aeì eînai*), ou mais propriamente ἀεὶ ὤν (*aeì ón*), *sempre sendo*.

183. ...ἀθάνατος καὶ θεῖος... (*athánatos kaì theîos*).

184. ...τὸ εἶναί τε καὶ ζῆν. ... (*tò eînai te kaì zên*).

185. Ver os tratados *Da alma* e *Parva Naturalia*.

186. ...ἐν τοῖς ἐγκυκλίοις φιλοσοφήμασι... (*en toîs egkyklíois philosophémasi*). Não sabemos exatamente a que trabalhos Aristóteles alude. Talvez a textos de cunho mítico e filosófico para ele antigos, como a famosa *Teogonia* do poeta e pensador Hesíodo, talvez a obras de idêntico teor de seu tempo que não chegaram a nós. Alguns, como Simplício, tendem a ver nessas *obras filosóficas ordinárias* os próprios tratados exotéricos de Aristóteles, cuja grande maioria efetivamente não chegou a nós.

10

UMA VEZ DEFINIDOS ESSES PONTOS, cabe-nos indagar se [o mun-
do] é *não gerado*[187] ou *gerado*[188] e se é *indestrutível*[189] ou *destrutível*.[190]
Façamos antes um exame das concepções de outros, considerando
que quando descrevemos uma concepção suscitamos as dificuldades contidas na concepção contrária; por outro lado, as afirmações que apresentaremos terão mais chance de receber crédito se
as pessoas já tiverem ouvido antes os argumentos daqueles que as
contestam. Será bem menor a possibilidade de sermos apontados
como quem obtém uma decisão da justiça por revelia. E realmente o que é exigido para um devido discernimento da verdade são
juízes, e não demandantes.

Há unanimidade quanto a afirmar que [o mundo] foi gerado
(veio a ser), mas enquanto alguns sustentam que além de gerado é
eterno,[191] outros o têm na conta de destrutível, como qualquer outra composição natural;[192] para um terceiro partido, ele se alterna
numa intermitência em que numa ocasião é como é presentemente e numa outra mutável e submetido a um processo perpétuo de
destruição. É como pensam Empédocles de Agrigento e Heráclito de
Éfeso.[193]

Bem, afirmar que foi gerado (veio a ser)[194] e, no entanto, é eterno, esbarra na impossibilidade. De fato, a razoabilidade exige su-

---

187. ...ἀγένητος... (*agénetos*), isto é, jamais veio a ser, o que implica que sempre *foi*
(*existiu*).

188. ...γενητòς... (*genetòs*), isto é, veio a ser, o que implica que teve um começo.

189. ...ἄφθαρτος... (*áphthartos*), não sujeito à deterioração, ao dano, à corrupção.

190. ...φθαρτός... (*phthartós*), submetido à deterioração, ao dano, à corrupção.

191. ...ἀΐδιον... (*aḯdion*): Platão, por exemplo. Ver a doutrina da formação do universo
no *Timeu*.

192. Os atomistas Leucipo e Demócrito.

193. Empédocles, poeta e filósofo da natureza pré-socrático do século V a.C.; Heráclito
(entre séculos VI e V a.C.), filósofo da natureza pré-socrático, cognominado
o Σκοτεινός (*o Skoteinós*), o Obscuro.

194. Ver nota 180.

82 | DO CÉU

pormos somente o que constatamos ocorrer com frequência ou em
20 todos os casos. Ora, aqui ocorre o oposto, visto que aparentemente
se observa que, com efeito, *tudo o que é gerado perece*.[195] Ademais,
não é possível que algo cujo estado presente não teve começo e
é indistinguível do que foi em qualquer momento passado por toda
sua duração mude, pois se assim fosse existiria uma causa para tal
mudança; e se essa causa já existisse, é que esse algo que dissemos
25 não poder mudar e ser indistinguível teria podido mudar e ser distinto. Suponhamos a formação do mundo como se fosse a partir
de [elementos] outrora diferentes; ora, sendo essa a condição deles
e não podendo ser distinta, ele não teria vindo a ser; se realmente
tivesse vindo a ser, evidentemente esses elementos teriam sido necessariamente capazes de mudança e não persistissem sempre em
idêntico estado. Consequentemente, a dissolução sucederia à sua
formação, tal como anteriormente sua formação sucedera à dissolução, processo que foi ou é possível que tenha sido repetido inúmeras
30 vezes; nesse caso, a possibilidade da indestrutibilidade do mundo
seria eliminada, sendo indiferente se ocorreu realmente a mudança
de condição ou se continua meramente como uma possibilidade.

Alguns que sustentam ser ele indestrutível, além de certamente gerado, procuram apresentar uma defesa que carece de verdade.
Alegam que seu discurso acerca da *geração*[196] é análogo ao daqueles
35 que desenham figuras geométricas, nada tendo a ver com a geração
280a1 [que implica no tempo]; não passa de um recurso instrucional que
objetiva facilitar a compreensão, tal como o efeito produzido pela
figura geométrica naqueles que a veem à medida que é construída. Mas, como dissemos, essa analogia não tem fundamento. No
que toca às figuras geométricas, quando todos seus componentes
5 são reunidos, a figura resultante é idêntica; entretanto, no que diz
respeito ao que é exposto [por tais pensadores], o resultado não é

---

195. ...ἅπαντα γὰρ τὰ γινόμενα καὶ φθειρόμενα... (*hápanta gàr tà ginómena kaì
phtheirómena*), ou ...com efeito, tudo que vem a ser, cessa de ser... . Embora nossos verbos gerar, nascer, ser gerado e perecer, ser destruído, corromper-se apresen-
tem um cunho e sentido restritivamente biológicos, γίγνομαι (*gígnomai*) e φθείρω
(*phtheíro*), incluem necessariamente um sentido ontológico. O mesmo vale para
os substantivos correspondentes. Ver nota 180.

196. ...γενέσεως... (*genéseos*), vir a ser. Ver nota anterior.

LIVRO I | 83

idêntico e esbarra-se no impossível, por força da contradição entre os dados anteriores e os posteriores. A partir do desordenado, afirma-se, veio a ser o ordenado.[197] Não é possível, porém, que a mesma coisa seja simultaneamente ordenada e desordenada. É necessário haver, a título de separação entre os estados [de ordem e
10 desordem], um vir a ser e um lapso de tempo; quanto às figuras, não há separação determinada pelo tempo.

Ressalta evidente a impossibilidade [para o mundo] ser simultaneamente eterno e gerado. Quanto a concebê-lo numa alternância entre composição e dissolução não é outra coisa senão fazê-lo eterno, mas mudando dele *as configurações*,[198] como se alguém
15 imaginasse um homem vindo a ser a partir de um menino e um menino vindo a ser a partir de um homem, isto em dois estágios alternantes: um de destruição e outro de existência. Afinal está claro que, quando os elementos se unem, a ordem e a composição que resultam dessa união não são casuais, mas invariavelmente idênticas, principalmente segundo a teoria defendida por esses
20 autores, visto que entendem ser o contrário a causa de cada um desses estados individuais. Se, nesse caso, o todo corpóreo, o qual é um contínuo, é disposto e ordenado de maneiras alternativas, e *a associação desse todo são o mundo e o céu*,[199] então não é o mundo que é gerado (vem a ser) e é destruído (cessa de ser), mas somente suas próprias disposições.

---

197. É a ideia principal expressa por Platão no *Timeu*, 30a, mas evidentemente convém ao leitor examinar o contexto em que essa ideia é expressa, até porque Aristóteles não faz aqui uma citação textual e completa.

198. ...τὴν μορφήν... (*tèn morphèn*).

199. ...τοῦ ὅλου σύστασίς ἐστι κόσμος καὶ οὐρανός, ... (*toŷ hóloy sýstasís esti kósmos kaì oyranós*). É possível que Aristóteles distinga aqui mundo e céu, como a Terra recebendo continuidade da abóbada celeste. Não é o que pensam Guthrie e Stocks, o primeiro preferindo ignorar ...καὶ οὐρανός... (*kaì oyranós*), ou aglutinando conceitualmente κόσμος (*kósmos*) e οὐρανός (*oyranós*), ao passo que o segundo entende a conjunção καὶ (*kaì*) como alternativa (ou) e não como aditiva (e). No fundo, parece-nos que ambos os ilustres helenistas tendem a convergir para a mesma posição. Questão delicadíssima para eruditos, coisa que não somos. Nossa opção de tradução está fundada, na verdade, não propriamente na doutrina cosmológica de Aristóteles, mas no estilo por ele adotado até este ponto do tratado: ele vem sempre empregando os dois termos alternativamente, isto é, um ou outro; aqui, diferentemente, ele emprega um e outro, o que nos leva a supor que está pensando em duas coisas e não em somente uma.

84 | DO CÉU

[O mundo], na hipótese de o considerarmos uno, ser como um todo irreversivelmente gerado e destruído, num processo de alternância no tempo, é com certeza impossível, isto porque antes de sua
25 geração existiu sempre uma associação anterior sem a qual a ocorrência de mudança seria impossível. Supondo-se um número infinito [de mundos], essa concepção ganharia mais admissibilidade.

Na sequência, entretanto, exibiremos a possibilidade ou impossibilidade disso. Há, realmente, os que julgam existir a possibilidade de alguma coisa não gerada perecer, enquanto há aquela de alguma
30 coisa gerada conservar a indestrutibilidade, como é o caso do *Timeu*, no qual ele[200] diz que *o mundo*[201] foi gerado (veio a ser) e, não obstante, existirá para sempre no tempo. Contestamos, até aqui, [essas concepções] sobre o mundo com base no que diz respeito exclusivamente à sua natureza. Por ocasião do exame sob o enfoque universal e mais abrangente, a resposta a essa questão ganhará clareza.

11

280b1 CABE-NOS PRIMEIRAMENTE distinguir os sentidos em que empregamos as expressões: não gerado e gerado, bem como destrutível e não destrutível.[202] Seus sentidos são múltiplos e, mesmo que essa multiplicidade não afete o argumento em pauta, a mente torna-se forçosamente confusa ao se ocupar de um conceito realmen-
5 te divisível como se fosse indivisível, tornando-se sempre presa da obscuridade quanto a que características do conceito a expressão naturalmente se aplica.

A expressão não gerado é usada referindo a alguma coisa que outrora não era e agora é, não incluindo nenhum processo de geração (vir a ser) ou mudança, como acontece – segundo alguns – quando se trata de contato e movimento; não é possível, conforme

---

200. Isto é, Platão.

201. ...τὸν οὐρανὸν... (*tòn oyranòn*).

202. Ver as notas de 187 a 190.

dizem, *vir a ser* contato ou movimento. Encontramos também seu emprego designando alguma coisa que não existe (não *é*), embora passível de vir a ser ou ter vindo a ser – neste caso a denotação de não gerado é a de que é ainda possível para uma coisa ser gerada (vir a ser). A palavra é utilizada, ademais, no sentido referente a alguma coisa para a qual a geração (vir a ser) é absolutamente impossível, caso em que a transição *entre ser e não ser*[203] não é admissível. (Entende-se aqui impossível duplamente, significando que é *falso*[204] dizer que alguma coisa *poderia* algum dia vir a ser, e que não *poderia* vir a ser com facilidade, com rapidez, ou bem.)

Do mesmo modo, a palavra gerado é usada referindo-se a alguma coisa que anteriormente não era e posteriormente é, por meio do vir a ser ou sem ele, com a única exigência de que deve não ser numa alternância temporal, mas sucessivamente. É usada também referindo-se a uma coisa que é capaz de existir, a verdade ou a facilidade definindo essa capacidade. Ainda se a emprega com referência a uma coisa que está sujeita ao *próprio vir a ser do não ser ao ser*,[205] quer já sendo (mas tendo seu ser resultado desse vir a ser), quer não sendo, mas podendo ser.

Os usos para destrutível e indestrutível são análogos. Dizemos ser uma coisa destrutível, se tendo anteriormente existido, ou não existe ou não poderia existir posteriormente, incluído ou não o processo de destruição e mudança; às vezes, com essa palavra, também qualificamos aquilo que, mediante destruição, pode deixar de existir. A essa palavra ainda é conferido o sentido daquilo que é facilmente destruído, e que se pode chamar de *facilmente destrutível*.[206]

Para indestrutível cabe idêntica explicação. Significa aquilo que transita do ser ao não ser dispensando a *destruição*,[207] do que é exemplo o contato que antes existe e depois não existe sem incluir

---

203. ...μὲν εἶναι ὁτὲ δὲ μή... (*mèn eînai hotè dè mé*).

204. ...μὴ ἀληθὲς... (*mè alethès*), não verdadeiro.

205. ...γένεσις αὐτοῦ ἐκ τοῦ μὴ ὄντος εἰς τὸ ὄν... (*génesis aytoŷ ek toŷ mè óntos eis tò ón*).

206. ...εὔφθαρτον... (*eýphtharton*).

207. ...φθορᾶς... (*phthorâs*).

86 | DO CÉU

esse processo. Significa *o que existe, mas que é capaz de não existir,*[208] ou que não existirá mais, embora exista agora. *Com efeito, tu e o con-* 30 *tato agora existem, mas sois ambos destrutíveis,*[209] pois chegará o momento em que não será verdadeiro dizer que existes, ou que há contato entre essas coisas. Mas, a considerar o sentido primordial e mais próprio dessa palavra, é aquilo que existe acarretando a impossibilidade de sua destruição, como a da coisa que, existindo no presente, posteriormente não existirá mais ou é possível que não exista mais. Designa-se também com a palavra indestrutível o que 281a1 não é facilmente destruído.

Uma vez isso admitido, é necessário indagar o que entendemos por *possível e impossível (capaz e incapaz);*[210] com efeito, aquilo que se entende mais propriamente como indestrutível assim foi designado pelo fato de sua *impossibilidade*[211] de ser destruído ou existir e não existir alternadamente. O não gerado também é entendido 5 envolvendo impossibilidade, a de vir a ser de modo a transitar do não ser anterior ao ser posterior, do que é exemplo a diagonal comensurável.

Ora, se uma coisa é capaz de mover ou erguer {em cem estádios},[212] exprimindo-nos sempre relativamente ao máximo possível, *como erguer cem talentos ou caminhar cem estádios,*[213] em-

---

208. ...ἢ τὸ ὂν μέν δυνατὸν δὲ μὴ εἶναι... (*è tò òn mén dynatòn dè mè eînai*).

209. ...σὺ γὰρ εἶ, καὶ ἡ ἁφὴ νῦν ἀλλ᾽ ὅμως φθαρτόν... (*sỳ gàr eî, kaì he haphè nỳn all᾽ hómos phthartón*).

210. ...δυνατὸν καὶ ἀδύνατον... (*dynatòn kaì adýnaton*). Esses conceitos fundem aqui necessariamente nossos conceitos de *possível* e *capaz* e de *impossível* e *incapaz*. Na falta de uma só palavra em português, tentamos alternar na imediata sequência os vocábulos, inclusive os substantivos correspondentes ao adjetivo δυνατὸν (*dynatòn*) que traduzem δύναμις (*dýnamis*), tornando o menos insatisfatória possível a tradução do texto aristotélico.

211. ...τῷ μὴ δύνασθαι... (*tôi mè dýnasthai*).

212. { } a expressão entre chaves (στάδια ἑκατὸν [*stádia hekatòn*]) é registrada por Bekker e Guthrie entre colchetes. Trata-se provavelmente de uma interpolação ou mero deslocamento de palavras, e, neste contexto, totalmente dispensável e até inconveniente, pois pode trazer confusão ao texto.

213. ...οἷον τάλαντα ἆραι ἑκατὸν ἢ στάδια ἑκατόν... (*hoîon tálanta ârai hekatòn è stádia hekatón*). Aristóteles refere-se aqui não à unidade monetária, mas à de peso. Em Atenas, cada talento correspondia a cerca de 26 kg; cada estádio correspondia

LIVRO I | 87

10 bora havendo a capacidade para o máximo, pode também realizar o máximo parcialmente. É imperioso, nesse caso, definir a *capacidade*[214] tomando como referencial o limite ou quantidade máxima. A coisa detentora de uma capacidade no limite máximo é necessariamente capaz no que diz respeito ao que está presente dentro desse limite, por exemplo: se *pode* (*é capaz de*)[215] erguer cem talentos, pode (é capaz de) erguer dois; se pode (é capaz de) caminhar cem estádios, também pode (é capaz de) caminhar dois. *A capacidade*
15 *é a do máximo.*[216] E se uma coisa é incapaz de uma certa quantidade, tomando como referencial sua capacidade máxima, também o será para qualquer coisa a mais; por exemplo, aquele que não pode (é incapaz de) caminhar mil estádios, claramente não pode (é incapaz de) caminhar mil e um.

Não há como esse ponto nos causar problemas. A definição estrita do possível é, com efeito, em função do limite máximo. Mas
20 talvez se pudesse objetar que o que afirmamos não é necessariamente consistente, uma vez que aquele que vê a distância de um estádio não verá, por conta disso, as grandezas nele contidas; pelo contrário, é aquele que pode (é capaz de) ver um ponto ou escutar um levíssimo ruído que também perceberá *os maiores.*[217] Isso, todavia, não atinge nosso argumento, visto que o máximo por nós definido
25 pode estar *ou na capacidade ou na coisa.*[218] O significado do que dizemos é evidente, ou seja, no que tange à visão, a máxima é a de ver o menor; no que se refere à velocidade, quanto maior a distância percorrida, maior a velocidade.

---

a aproximadamente 180 m. Portanto, o Estagirita está falando aqui em erguer por volta de 2.600 kg e caminhar cerca de 18.000 m (ou seja, 18 km).

214. ...δύναμιν... (*dýnamin*).

215. ...δύνασθαι... (*dýnasthai*).

216. ...ἡ δὲ δύναμις τῆς ὑπεροχῆς ἐστίν... (*he dè dýnamis tês hyperokhês estín*).

217. ...τῶν μειζόνων... (*tôn meizónon*), ou seja, mais exatamente: respectivamente as grandezas mais visíveis e os sons mais audíveis.

218. ...ἐπὶ τῆς δυνάμεως ἢ ἐπὶ τοῦ πράγματος... (*epì tês dynámeos è epì toŷ prágmatos*).

12

UMA VEZ ESTABELECIDAS ESSAS DISTINÇÕES, cabe-nos dar continuidade ao que temos a expor. Se certas coisas são capazes de *ser e de não ser*,[219] impõe-se como necessária a existência de algum tem-
30 po máximo definido de seu ser e não ser, referindo-me a um tempo no qual é possível que a coisa seja e a um outro durante o qual não é possível que seja, isto em todas as categorias, quer a coisa seja um ser humano, seja branca, tenha três cúbitos de comprimento,[220] quer tudo quanto possa ser. Se o tempo não fosse definido no que toca à duração,[221] porém fosse sempre mais longo do que qualquer
281b1 tempo indefinidamente dado e mais curto do que nenhum, seria possível para a mesma coisa ser por um tempo infinito e não ser por um outro tempo infinito, isto é, algo impossível.

Partamos do seguinte: *o impossível e o falso não significam o mesmo*.[222] O impossível e o possível, o falso e o verdadeiro são empre-
5 gados hipoteticamente (quero dizer, por exemplo, que é impossível para um triângulo condicionalmente conter dois ângulos retos, ou a diagonal ser condicionalmente comensurável). Há, contudo, também coisas que são *simplesmente*[223] possíveis ou impossíveis, falsas ou verdadeiras, ou seja, em termos absolutos. Ora, ser absolutamente falso e ser absolutamente impossível não são idênticos.
10 Com efeito, dizer que estás de pé quando não estás é afirmar o falso, mas não o impossível; do mesmo modo, dizer de alguém que toca a cítara, mas que não está cantando, que está, é falso, mas não impossível. Mas dizer que estás ao mesmo tempo de pé e sentado ou que a diagonal é comensurável, corresponde a afirmar não so-

---

219. ...καὶ εἶναι καὶ μή... (*kaì eînai kaì mé*).

220. Aristóteles exemplifica respectivamente com as categorias da substância (οὐσία [*oysía*], τι ἐστι [*ti esti*]), a da qualidade (ποῖος [*poîos*]) e a da quantidade (πόσος [*pósos*]). Ver as dez categorias no *Órganon, Categorias*, IV, 1b25.

221. ...πόσος... (*pósos*): a duração é a quantidade (πόσος [*pósos*]) de tempo.

222. ...τὸ γὰρ ἀδύνατον καὶ τὸ ψεῦδος οὐ ταὐτὸ σημαίνει. ... (*tò gàr adýnaton kaì tò pseŷdos oy taytò semaínei.*).

223. ...ἁπλῶς... (*haplôs*).

LIVRO I | 89

mente o falso, como também o impossível. Assim, não é idêntico
15 levantar uma falsa hipótese e levantar uma hipótese impossível.
Que se acresça que o impossível resulta do impossível. É fato que
se tem simultaneamente a capacidade de sentar-se e levantar-se, se
entendemos que a posse de uma capacidade implica a posse da
outra; porém não devemos concluir daí que se é capaz de simultaneamente sentar-se e levantar-se, mas apenas de fazê-lo sucessivamente, ou seja, em tempos diferentes. Entretanto, *se uma coisa
possui mais de uma capacidade para um tempo infinito*,[224] então não
se trata de tempos diferentes: impõe-se a simultaneidade.[225] *Assim, se*
20 *uma coisa que exista por um tempo infinito for destrutível, terá a ca-*
pacidade de não ser.[226] Mesmo existindo um tempo infinito, é de
se supor que essa capacidade de não ser seja atualizada, com o que
essa coisa tanto será quanto não será em ato simultaneamente.[227]
Alcança-se um resultado falso em função da falsidade da hipótese
levantada, embora, se esta não tivesse sido impossível, o resultado
não teria sido impossível. Tudo o que existe para sempre é simples-
25 mente (absolutamente) indestrutível.

Do mesmo modo, é não gerada. Se fosse gerada, seria temporá-
riamente capaz de não ser; de fato, tal como o destrutível é aquilo
que antes foi, mas que agora não é, ou acarreta a possibilidade de
não ser em algum tempo posterior, o gerado é aquilo que em algum
tempo anterior pode não ter sido. Mas, relativamente ao perpe-
30 tuamente existente, o tempo durante o qual possa não ter sido, seja
finito ou infinito, não existe, uma vez que, se possui a capacidade
de um tempo infinito, também possui aquela de um tempo finito.
Não é possível que uma e mesma coisa possa (seja capaz de) ser
sempre e não ser sempre.

---

224. ...εἰ δέ τι ἄπειρον χρόνον ἔχει πλειόνων δύναμιν... (*ei dé ti ápeiron khrónon ékhei pleiónon dýnamin*).

225. É o que ocorre, por exemplo, com as faculdades dos sentidos: vemos, ouvimos e experimentamos o tato concomitantemente.

226. ...ὥστ᾽ εἴ τι ἄπειρον χρόνον ὂν φθαρτόν ἐστι, δύναμιν ἔχοι ἂν τοῦ μὴ εἶναι... (*hóst᾽ eí ti ápeiron khrónon òn phthartón esti, dýnamin ékhoi àn toŷ mè eînai*).

227. Aristóteles contrapõe aqui o conceito de capacidade, potência (δύναμις [*dýnamis*]) ao de ato (ἐνέργεια [*enérgeia*]), concebidos e desenvolvidos por ele na *Física*.

90 | DO CÉU

Tampouco para ela é possível o seu contraditório, quero dizer o não ser sempre. Resulta para uma coisa a impossibilidade de existir 282a1 para sempre e de ser destrutível. De idêntico modo, não é passível de ser gerada, pois se de dois termos, o posterior é impossível na ausência do anterior, e este é impossível, também o posterior o é. Portanto, se aquilo que sempre existe não pode em tempo algum não existir, é impossível que seja passível de geração.

5 *O contraditório*[228] daquilo que é sempre capaz de existir é aquilo que não é sempre capaz de existir, enquanto aquilo que é sempre capaz de não existir é *contrário*;[229] este último tem como contraditório aquilo que não é sempre capaz de não existir. Bem, é necessário que os contraditórios de ambos esses contrários digam respeito a algo idêntico, ou seja, é necessária a presença de um intermediário entre aquilo que sempre existe e aquilo que sempre não existe, ou seja, aquilo que é capaz tanto de ser (existir) quanto de não ser (não 10 existir). A menos que nem sempre exista, o contraditório de cada um dos contrários será ocasionalmente verdadeiro em relação a ele. Assim, tanto aquilo que nem sempre não existe existirá e ocasionalmente não existirá, quanto igualmente, está claro, aquilo que nem sempre pode existir. Ora existe e ora, portanto, não existe. A conclusão é que a mesma coisa será capaz de existir e não existir, sendo isso o *intermediário*[230] entre ambos.

Eis o argumento em termos universais: que A e B sejam atri-15 butos incapazes de pertencerem a uma mesma coisa. Imaginemos, contudo, que A ou C e B ou D pertencem a tudo. Conclui-se que tudo o que não pertença nem a A nem a B pertence necessariamente a CD. Suponhamos que E é *o intermediário*[231] entre A e B; aquilo que não é nem um nem outro dos contrários os intermedeia. Portanto, C e D devem pertencer a esse intermediário E visto que 20 tudo pertence a A ou a C, isso se aplica a E. Uma vez que A não pode pertencer a E, trata-se de C. Será igualmente D por força do mesmo argumento.

---

228. ...ἡ ἀπόφασίς... (*he apóphasis*). Literalmente: a negação.

229. ...ἐναντίον... (*enantíon*).

230. ...μέσον... (*méson*).

231. ...τὸ μεταξὺ... (*tò metaxỳ*).

LIVRO I | 91

Por conseguinte, *o que sempre é*[232] não está submetido nem à geração (vir a ser), nem à destruição (cessar de ser), e de idêntico modo *o que sempre não é*.[233] Evidencia-se também que se alguma coisa é gerada (vem a ser) ou é destrutível, não é eterna. Se fosse, possuiria concomitantemente a capacidade de perpetuidade e a de não perpetuidade quanto a ser, algo cuja impossibilidade já foi demons-
25 trada. A necessidade não nos impõe declarar que, se é não gerada, mas existente, será eterna, o mesmo ocorrendo se é indestrutível, porém existente? (Entendo aqui não gerado e indestrutível em seus sentidos próprios, não gerado significando algo que agora existe e não poderia anteriormente ter sido verdadeiramente declarado não existir; quanto a indestrutível, alguma coisa que agora existe e não pode posteriormente existir, verdadeiramente ser declarada
30 não existir). Ou então, se há uma mútua dependência entre esses conceitos, isto é, se tudo quanto é não gerado é indestrutível, e tudo quanto é indestrutível é não gerado, será igualmente necessário que
282b1 esses conceitos, cada um por seu turno, envolvam o eterno, de modo que aquilo que é não gerado é eterno, e o que é indestrutível é eterno. As próprias definições dos termos também o evidenciam. Toda a coisa destrutível é necessariamente gerada, uma vez que se impõe ser ela não gerada ou gerada; mas se é não gerada, tem que ser hipoteticamente indestrutível; *e o que é gerado é necessariamente destrutível*,[234] posto que essas duas alternativas impõem-se com ex-
5 clusividade: ser destrutível ou indestrutível, mas neste último caso tem que ser hipoteticamente não gerado. Se, contudo, não há uma dependência mútua entre indestrutível e não gerado, nem o não gerado nem o indestrutível são necessariamente eternos. Mas que necessariamente se dependem mutuamente é evidenciado da maneira que se segue: que os termos gerado e indestrutível são predicáveis um do outro fica claro com base nas observações já feitas, a saber,
10 que há algo entre o que sempre é (sempre existe) e o que sempre não é (sempre não existe), algo que não se encontra em sua dependência mútua, sendo esse intermediário o gerado e destrutível ca-

---

232. ...τὸ ἀεὶ ὄν... (*tò aeì òn*).

233. ...τὸ ἀεὶ μὴ ὄν... (*tò aeì mè ón*).

234. ...καὶ εἰ γενητὸν δή, φθαρτὸν ἀνάγκη... (*kaì ei genetòn dé, phthartòn anágke*).

92 | DO CÉU

paz de ser e não ser – cada um por um tempo limitado. [Entendo por *cada um*[235] o que pode por uma determinada quantidade de tempo *ser (existir)*, e por outra *não ser (não existir)*.] *Tudo quanto é*
15 *gerado ou destrutível é necessariamente intermediário.*[236] Que A seja aquilo que sempre *é (existe)*, enquanto B aquilo que sempre *não é (não existe)*; e que C seja gerado e D destrutível. A conclusão é que C está necessariamente entre A e B, *visto que não há tempo rumo a um limite ou outro em que A não é ou B é.*[237] Há, entretanto, esse tempo no que diz respeito ao gerado, e necessariamente, *seja em ato*
20 *ou em potência*,[238] mas não rumo a A e B. Resulta que C, durante uma quantidade limitada de tempo, *será (existirá)* e também *não será (não existirá)*; o mesmo em relação a D destrutível, de modo que ambos[239] são, cada um, gerado e destrutível. Conclui-se que gerado e destrutível têm mútua dependência.

Suponhamos agora que E seja não gerado, F gerado, G indestru-
25 tível e H destrutível. Já demonstramos a dependência mútua de F e H. Mas, nesse tipo de associação, F e H em mútua dependência, E e F não sendo jamais predicados de algo idêntico, porém um ou outro de tudo, o mesmo ocorrendo com G e H, o resultado será a necessária dependência mútua de E e G. Supondo que E não seja
30 dependente de G, F será, posto que tudo é ou E ou F. Entretanto, o que é predicável de F determina o que é predicável de H, de sorte que H será predicado por G. Mas isso, segundo o que supomos, é impossível. Será provado, por força do mesmo argumento, que G
283a1 depende, é predicado por E. As relações entre o não gerado E e o gerado F e o indestrutível G e o destrutível H são idênticas.

---

235. ...ἑκάτερον... (*hekáteron*).

236. ...εἰ τοίνυν ἐστί τι γενητὸν ἢ φθαρτόν, ἀνάγκη τοῦτο μεταξὺ εἶναι... (*ei toínyn estí ti genetòn è phthartón, anágke toŷto metaxỳ eînai*).

237. ...τῶν μὲν γὰρ οὐκ ἔστι χρόνος ἐπ' οὐδέτερον τὸ πέρας ἐν ᾧ ἢ τὸ A οὐκ ἦν ἢ τὸ B ἦν... (*tôn mèn gàr oyk ésti khrónos ep'oydéteron tò péras en hôi è tò A oyk ên è tò B ên*). Embora tenhamos traduzido vizinhos à literalidade, Guthrie, na sua brilhante paráfrase, prefere, a favor de maior clareza, substituir "rumo a um limite ou outro" por simplesmente "quer passado ou futuro".

238. ...ἢ ἐνεργείᾳ εἶναι ἢ δυνάμει, ... (*è energeíai eînai è dynámei,*).

239. Isto é, C e D.

LIVRO I | 93

Afirmar que nada obsta que alguma coisa gerada não deva ser
5 indestrutível, ou que alguma coisa não gerada seja destruída, como
se a geração (vir a ser), num caso, e a destruição (cessar de ser),
no outro, ocorressem definitivamente, significa eliminar um dos
dados já obtidos. *É, com efeito, por uma quantidade infinita ou limitada de tempo que todas as coisas são capazes de agir ou de sofrer
ação, de ser ou de não ser;*[240] mas sendo o tempo infinito de certo
modo limitado, não passa de uma extensão de tempo cuja supera-
10 ção não é possível. Quanto ao que [se diz] ser infinito numa única
direção, não é nem infinito nem limitado.

Ademais, por que sua destruição (cessar de ser) nesse ponto particular do tempo, quando até agora sempre existira – ou por que
sua geração (vir a ser) agora, quando por um tempo infinito não
existira? Não havendo absolutamente nenhuma razão para isso e
os momentos possíveis do tempo sendo numericamente infinitos,
infere-se que evidentemente existiu durante um tempo infinito
algo passível de ser gerado (vir a ser) e destruído (cessar de ser).
15 Daí decorre que é por um tempo infinito capaz de não ser, *uma
vez que terá simultaneamente a capacidade de não ser e de ser*[241] anteriormente à sua destruição, se destruído – ou posteriormente à
sua geração, se gerado. Se supusermos então a realização de suas
possibilidades, instalar-se-á a presença concomitante dos *opostos.*[242]
Ademais, isso ocorrerá de maneira idêntica em qualquer ponto do
tempo, ou seja, a coisa possuirá durante um tempo infinito a capacidade de não ser e de ser. Entretanto, foi demonstrado que isso
20 é impossível. Se a potência (capacidade) estiver presente anteriormente ao ato, estará presente na totalidade do tempo, inclusive se
a coisa for não gerada e não existente {por um tempo infinito},[243]

---

240. ...ἢ γὰρ ἄπειρον ἢ ποσόν τινα ὡρισμένον χρόνον δύναται ἅπαντα ἢ ποιεῖν ἢ
πάσχειν, ἢ εἶναι ἢ μὴ εἶναι... (*è gàr ápeiron è posón tina horisménon khrónon
dýnatai hápanta è poieîn è páskhein, è eînai è mè eînai*).

241. ...ἅμα γὰρ ἕξει δύναμιν τοῦ μὴ εἶναι καὶ εἶναι... (*háma gàr héxei dýnamin toŷ mè
eînai kaì eînai*).

242. ...ἀντικείμενα... (*antikeímena*).

243. { } A expressão entre chaves ...τὸν ἄπειρον χρόνον, ... (*tòn ápeiron khrónon,*) é
indicada por Bekker e Guthrie entre colchetes, embora este último não a traduza.
Interpolação ou não, não gera incoerência no texto, mas parece-nos totalmente

94 | DO CÉU

porém capaz de vir a ser.[244] Assim, todo o tempo de sua inexistência detinha a potência para ser (existir) imediata ou posteriormente, quer dizer, por um tempo infinito.

25 Também fica claro, de uma outra maneira, que é impossível para o destrutível não ser eventualmente destruído, *pois seria sempre e simultaneamente destrutível e, na realização, indestrutível,*[245] o que significa que acarretaria sua potência (capacidade) concomitante a sempre ser (existir) e nem sempre ser (existir). Portanto, o destrutível é eventualmente submetido à destruição; e, se é capaz de geração (de vir a ser), veio a ser, pois é capaz de ter vindo a ser e de nem sempre ser (existir).

30 É de se observar também com base no que se segue que é impossível para uma coisa que foi uma vez gerada conservar-se indestrutível, ou para a coisa não gerada que sempre existiu ser destruída. Nenhum produto do acaso determina que algo seja indestrutível ou não gerado, uma vez que ocorrências do *acaso*[246] ou da *sorte*[247] opõem-se ao que é ou vem a ser sempre ou a maior parte do tempo;

283b1 em contrapartida, o que tem duração infinita, seja simplesmente, seja partindo de um dado momento no tempo, existe ou sempre ou na maior parte do tempo. Assim, o que é determinado pelo acaso naturalmente ora existe, ora não existe. Nesses casos, a potência

5 dos contraditórios é a mesma, e a matéria é a *causa*[248] quer de seu ser (existir), quer de seu não ser (não existir). A consequência é a necessária presença simultânea em ato dos opostos.

---

dispensável. A presença de expressão quase idêntica (com idêntico significado), ...ἄπειρον ἄρα χρόνον. ... (*ápeiron ára khrónon.*) em 283a24 logo a seguir sugere mero deslocamento de palavras ou repetição.

244. A leitura e estudo da *Física*, se ainda não realizados pelo leitor, são indispensáveis para o entendimento e aproveitamento deste tratado, sobretudo para a compreensão deste último contexto do Livro I.

245. ...ἀεὶ γὰρ ἔσται ἅμα καὶ φθαρτὸν καὶ ἄφθαρτον ἐντελεχείᾳ... (*aeì gàr éstai háma kaì phthartòn kaì áphtharton entelekheíai*). Realização (ἐντελεχείᾳ [*entelekheíai*]) em Aristóteles equivale conceitualmente a ato (ἐνέργεια [*enérgeia*]) na sua contraposição a potência (δύναμις [*dýnamis*]).

246. ...αὐτόματόν... (*aytómatón*).

247. ...τύχης... (*týkhes*).

248. ...αἰτία... (*aitía*).

LIVRO I | 95

Por outro lado, não estamos facultados a dizer verdadeiramente de uma coisa agora que existe no ano passado, como tampouco se poderia dizer no ano passado que existe agora. Impõe-se, portanto, como impossível a algo que outrora não existiu ser posteriormente eterno, pois conservará consigo posteriormente *a potência de não*
10 *existir*,[249] não de não existir no tempo em que existe (sendo neste caso existente em ato), mas de não existir no ano passado, ou em qualquer tempo no passado. Imaginemos, então, que aquilo de que ela possui a potência é em ato: nesse caso será verdadeiro agora dizer que a coisa não existe no ano passado, [afirmação verdadeira que, porém, choca-se com o] impossível, uma vez que nenhuma potência diz respeito ao ser no passado, mas somente ao ser no presente ou no futuro. O mesmo pode ser dito para o que ante-
15 riormente existia como eterno e depois não existiu. Terá a potência daquilo que não é em ato; resulta que, se supusermos *a realização dessa potência*,[250] haverá verdade em dizer agora: isso existe no ano passado e na totalidade do tempo passado.

Considerações segundo a filosofia da natureza, mas de caráter não universal, apontam também para a impossibilidade do anteriormente eterno ser sucedido pelo destruído ou o anteriormente não existente ser sucedido pelo eterno. Tudo quanto é destrutível
20 ou gerado está sujeito a alteração. A alteração é produzida devido aos contrários, e as coisas que constituem o natural são as mesmas responsáveis por sua própria destruição.

---

249. ...τὴν τοῦ μὴ εἶναι δύναμιν... (*tèn toŷ mè eînai dýnamin*).

250. ...ὥστ᾽ ἂν θῶμεν τὸ δυνατόν, ... (*hóst'àn thômen tò dynatón,*), ou seja, a conversão dessa potência em ato.

LIVRO II

1

A CONCLUSÃO É A DE QUE *o mundo como um todo*[251] não foi gerado (não veio a ser) e não é possível que seja destruído, como afirmam alguns, sendo sim *uno e eterno*,[252] não tendo começo ou fim na totalidade de sua duração, contendo e abarcando o tempo infinito 30 em si mesmo; disso podemos estar convencidos não só por aquilo que já expomos, como também recebe força, inclusive, das próprias opiniões dos que pensam diferentemente o consideram o mundo como gerado, na medida em que se é possível que seja como dizemos que é e a explicação de sua geração (vir a ser) dada por eles 284a1 choca com o impossível, isso nos conduz de maneira incisiva a crer *na sua própria imortalidade e eternidade.*[253] Portanto, podemos estar perfeitamente seguros quanto à verdade daquelas antigas teorias, as quais estão ligadas, sobretudo, aos nossos ancestrais, e que

---

251. ...ὁ πᾶς οὐρανὸς... (*ho pâs oyranòs*).

252. ...εἷς καὶ ἀΐδιος... (*heîs kaì aḯdios*).

253. ...τῆς ἀθανασίας αὐτοῦ καὶ τῆς ἀϊδιότητος... (*tês athanasías aytoŷ kaì tês aïdiótetos*). Embora ἀθάνατος (*athánatos*), imortal, tenha também o sentido genérico de eterno, parece-nos que Aristóteles refere-se aqui ao seu sentido específico e distinto de ἀΐδιος (*aḯdios*), eterno, ou seja: o *imortal* é o que foi gerado (veio a ser), mas é imperecível, isto é, não está sujeito à destruição, como se diz dos deuses *imortais*, em oposição aos seres vivos mortais, entre eles o ser humano; o *eterno* é o que, não tendo nem começo (ἀρχή [*arkhé*]) nem fim (τέλος [*télos*], τελευτή [*teleyté*]), não vindo a ser nem cessando de ser, existe (*é*) *sempre* (ἀεί [*aeí*]), não devendo nós precisamente entender o contrário, ou seja, que se não foi gerado (não veio a ser), nem foi destruído (cessou de ser), *nunca* foi (nunca existiu). É possível, entretanto, que Aristóteles se sirva do sentido genérico de ἀθανασία (*athanasía*), quer dizer, sentido intercambiável com αἰδιοτής (*aidiotés*), incluindo o primeiro termo apenas objetivando a ênfase: a usual "falta de rigor teminológico", bastante compreensível, visto que os textos do Estagirita geralmente não passam de transcrições de suas aulas, não constituindo redações revisadas e preparadas para publicação. Junte-se a isso as inúmeras manipulações de que foram alvo os textos aristotélicos ao longo de séculos, e entenderemos perfeitamente essas falhas.

100 | DO CÉU

sustentam a existência de algo imortal e divino entre as coisas que se
5 movem, com a ressalva, porém, de que se trata de um movimento
sem limite; em lugar disso, é ele próprio o limite de outros movimentos. O limite, de fato, pertence às coisas que abarcam outras,
e {o movimento circular},[254] *completo*,[255] abarca os *incompletos*[256] e
limitados; sendo ele próprio destituído de começo ou fim, numa
10 permanência pelo tempo infinito, constitui a causa do começo de
certos movimentos e, no tocante a outros, constitui o ponto em
que cessam. Os antigos destinaram *o céu ou a região superior*[257] aos
deuses por julgarem *ser ele, exclusivamente, imortal.*[258] O presente
argumento corrobora que é indestrutível e não gerado. Também foi
mostrado que não está submetido aos *males*[259] dos mortais, além do
15 que prescinde de qualquer esforço, uma vez que dispensa qualquer
força imposta pela necessidade que o constranja no seu curso e o
tolha num movimento diferente que lhe é naturalmente próprio.
O esforço constrangedor estaria presente num tal movimento *tanto
mais quanto mais eterno*,[260] e seria incompatível com a melhor das
disposições. Inviável, portanto, atribuir crédito ao *antigo mito*[261]

---

254. { } ...ἡ κυκλοφορία... (*he kyklophoría*) consta no texto de Bekker e no de Guthrie,
que o acompanha, inclusive na tradução.

255. ...τέλειος... (*téleios*), o mesmo que perfeito.

256. ...ἀτελεῖς... (*ateleîs*), imperfeitos.

257. ...τὸν δ' οὐρανὸν καὶ τὸν ἄνω τόπον... (*tòn d'oyranòn kaì tòn áno tópon*).

258. ...ὡς ὄντα μόνον ἀθάνατον... (*hos ónta mónon athánaton*). Quanto ao adjetivo
ἀθάνατος (*athánatos*), ver nota 253.

259. ...δυσχερείας... (*dyskhereías*), dificuldades, atribulações, adversidades.

260. ...ὅσῳπερ ἂν ἀΐδιώτερον... (*hósoiper àn aïdióteron*). Embora tenhamos traduzido
próximo à literalidade, tendemos aqui a concordar com a tradução parafrásica e
interpretativa de Guthrie: "...tanto mais quanto maior sua duração...", pois mesmo
admitindo o comparativo ...αΐδιώτερον... e que em última análise o sentido essencial das duas opções de tradução é o mesmo, formalmente *aïdióteron* (mais eterno)
implica necessariamente em relativizar o eterno, isto é, torná-lo quantitativo. Ora,
se concebermos que o eterno é o que *sempre é* no tempo, o que corresponde absolutamente à totalidade do tempo (sem começo nem fim), como conceber a grada-
ção da eternidade, ou seja, o *mais* eterno ou o *menos* eterno?

261. ...παλαιῶν μῦθον... (*palaiôn mýthon*). Aristóteles evidentemente emprega a palavra μῦθος (*mýthos*) aqui no seu sentido específico e restrito de fábula, narrativa
fantasiosa.

LIVRO II | 101

20 segundo o qual um Atlas[262] é o responsavel por sua segurança. Aqueles que conceberam esse mito parecem ter captado a mesma concepção de pensadores posteriores, ou seja, pensaram todos os corpos superiores como corpos terrestres dotados de peso, postulando *fabulosamente*[263] uma *necessidade animada*[264] [como 25 sustentação para o céu]. Não nos cabe pensar dessa forma e, tampouco, que ele tem sido sustentado todo esse tempo pela força de um remoinho, como diz Empédocles; seria transmitido a ele um movimento mais veloz suficiente para superar ou neutralizar a sua própria propensão para baixo. É igualmente nada razoável a eternidade dele ser devida ao constrangimento de uma alma; *de fato, para a alma uma vida em tais condições não pode ser destituída de dor e bem-aventurada.*[265] O movimento dela envolve necessaria- 30 mente constrangimento se ela atuar sobre o primeiro corpo de um modo quando o movimento natural deste é distinto; e ela o move continuamente, de sorte que tem que ser incansável e avessa a todo ócio racional, uma vez que diferentemente da *alma dos seres vivos mortais,*[266] que goza do relaxamento do corpo durante o sono, não 35 dispõe disso.[267] A sorte de Íxion[268] o reteria [numa posse] eterna 284b1 e infatigável. Se é possível ao *primeiro movimento*[269] ser do modo que descrevemos, não só é mais exato conceber desse modo sua eternidade, como, ademais, é o único que nos faculta a fornecer

---

262. ...Ἄτλαντός... (*Átlantós*): deus, ou melhor, titã da mitologia pré-olímpica, representado geralmente suportando o céu (a abóbada celeste) sobre os ombros ou sobre a cabeça. Atlas é um dos filhos de Gaia (a Terra) e de Urano (o céu).

263. ...μυθικῶς... (*mythikôs*).

264. ...ἀνάγκην ἔμψυχον. ... (*anágken émpsykhon.*).

265. ...οὐδὲ γὰρ τῆς ψυχῆς οἷόν τ᾽ εἶναι τὴν τοιαύτην ζωὴν ἄλυπον καὶ μακαρίαν... (*oydè gàr tês psykhês hoîón t'eînai tèn toiaýten zoèn álypon kaì makarían*).

266. ...ψυχῇ τῇ τῶν θνητῶν ζῴων... (*psykêi têi tôn thnetôn zóion*).

267. Ver *Parva Naturalia*, particularmente, "Do sono e da vigília".

268. Episódio da mitologia: por haver tentado seduzir Hera, o que Zeus confirmou mediante um estratagema depois que sua esposa o informou, Íxion foi acorrentado a uma roda de fogo alada a girar perpetuamente no céu. O estratagema de Zeus consistiu em instalar no leito de Íxion uma nuvem que ele, Zeus, moldara imitando o corpo de Hera. O iludido mortal envolveu a nuvem num amplexo.

269. ...πρώτης φορᾶς... (*prótes phorâs*).

102 | DO CÉU

5 uma explicação coerente e compatível com nossas *divinações acerca dos deuses*.[270]

Mas, de momento, é quanto basta para este assunto.

2

Visto que há alguns que afirmam existir direito e esquerdo no céu, como os chamados *pitagóricos*[271] (dos quais, de fato, é essa concepção), cabe-nos examinar se, na hipótese de preten-
10 dermos aplicar esses *princípios*[272] ao corpo do universo, é como eles dizem, ou não de outro modo. Para começar, se possui um direito e um esquerdo, é imperioso supor a aplicação prévia de princípios que lhe são anteriores. Esses princípios foram discutidos ao tratarmos *dos movimentos dos animais*,[273] pelo fato de
15 ser isso próprio da natureza deles; de fato, no que toca aos seres vivos, mostra-se evidente que alguns detêm todas essas partes distintivas, quero dizer direito, esquerdo, enquanto outros detêm algumas; as plantas possuem apenas o acima e o abaixo. Se nos dispomos, portanto, a atribuí-las ao céu, é razoável supor que,
20 como eu dizia, detectemos a presença delas tanto no estágio mais primitivo animal quanto nele. Cada um dos três pares pode ser encarado como princípio, querendo eu dizer com esses três o acima e o abaixo, o dianteiro e seu oposto, e o direito e o esquerdo. É razoável supor que todos os corpos completos possuem essas distinções dimensionais: o acima é *o princípio de comprimento*,[274]

---

270. ...μαντείᾳ τῇ περὶ τὸν θεὸν... (*manteíai têi perì tòn theòn*).

271. ...Πυθαγόρειοι... (*Pythagóreioi*): os pitagóricos, vários pensadores de maior ou menor calibre (de Árquitas de Tarento a Símias e Cebes de Tebas), eram adeptos das doutrinas da confraria místico-religiosa fundada por Pitágoras de Samos em Crotona em 530 a.C., sobretudo a doutrina do número (ἀριθμός [*arithmós*]) e a da transmigração da alma (μετεμψύχωσις [*metempsýkhosis*]). O próprio Platão foi muito influenciado pelos pitagóricos.

272. ...ἀρχάς... (*arkhás*).

273. ...τῶν ζῴων κινήσεις... (*tôn zóion kinéseis*). Ver os tratados *Do movimento dos animais* e *Da marcha dos animais*.

274. ...τοῦ μήκους ἀρχή... (*toŷ mékoys arkhé*).

25 o direito o de *largura*,[275] e o dianteiro o de *profundidade*.[276] Por outro lado, sua definição em termos de princípios pode ser obtida com referência aos vários movimentos, uma vez que entendo por princípios os pontos de partida dos movimentos nas coisas que os possuem. O aumento (crescimento) é a partir do acima, a loco-moção a partir do direito, enquanto o movimento da sensação é a
30 partir do dianteiro, visto que quero dizer com essa palavra aquilo rumo ao que as sensações são dirigidas.

A conclusão é que acima e abaixo, direito e esquerdo, dianteiro e traseiro não devem ser procurados em todos os corpos, mas somente naqueles que, por serem *animados*,[277] encerram no interior de si próprios um *princípio de movimento*;[278] de fato, não se descobre em parte alguma de algo *inanimado*[279] o princípio de seu movimento.
35 Algumas coisas, com efeito, são absolutamente desprovidas de mo-
285a1 vimento; outras, ainda que se movam, não o fazem igualmente. O fogo, por exemplo, move-se unicamente para cima, ao passo que a terra o faz somente para o centro. Somos nós mesmos o referencial para isso. Quando falamos de acima e abaixo, ou direito e esquerdo relativamente a essas coisas, a referência pode ser à nossa própria mão direita, *como com aqueles que pronunciam oráculos*,[280] ou por analogia com nossa própria configuraçao corpórea, como quando
5 falamos da direita da estátua; ou podemos preferir a ordem espacial oposta, chamando de direito aquilo que está à nossa esquerda, e de esquerdo o que está à nossa direita {e traseiro o que por referência a nós mesmos é o dianteiro}.[281] Distinção alguma, porém, é percebi-da por nós nas próprias coisas; realmente, se são giradas, as partes

---

275. ...πλάτους... (*plátoys*).

276. ...βάθους... (*báthoys*).

277. ...ἔμψυχα... (*émpsykha*), dotados de alma, ou seja, os seres vivos: a ψυχή (*psykhé*) é o princípio vital.

278. ...κινήσεως ἀρχὴν... (*kinéseos arkhèn*). Atentar para a grande amplitude de κίνησις (*kinesis*).

279. ...ἀψύχων... (*apsýkhon*), destituído de alma; todo corpo ou coisa em que o princí-pio vital (ψυχή [*psykhé*]) está ausente.

280. ...ὥσπερ οἱ μάντεις... (*hósper hoi mánteis*).

281. { } ...καὶ ὄπισθεν τὸ κατὰ τὸ ἡμέτερον ἔμπροσθεν... (*kaì ópisthen tò katà tò heméteron émprosthen*). Registrado entre colchetes por Bekker e Guthrie.

104 | DO CÉU

10 opostas passam a ser designadas por nós de direito e esquerdo, acima e abaixo, ou dianteiro e traseiro.

Diante disso, causa surpresa os pitagóricos se referirem a apenas dois desses princípios, o direito e o esquerdo, omitindo os outros quatro, que são de igual importância; de fato, o acima e o abaixo, o dianteiro e o traseiro mostram-se distintos mutuamente em todos 15 os animais tanto quanto o direito se mostra distinto do esquerdo. Ora a diferença que há nesse caso é apenas do ponto de vista da *função*,[282] ora também daquele da *forma*.[283] Acima e abaixo dizem respeito a todos os seres animados, igualmente animais e vegetais; direito e esquerdo, entretanto, não estão presentes nos vegetais. Ademais, *a extensão*[284] é anterior à largura, de modo que se acima 20 é o princípio da extensão, e o direito o da largura, e o princípio daquilo que é anterior é, ele próprio, anterior, conclui-se que o acima é anterior ao direito; que se entenda anterior do ponto de vista da ordem de geração, já que esta palavra apresenta diversos sentidos.[285] Se supormos que acima é o ponto de origem do movimento, o direito, o de origem da locomoção, e o dianteiro, o ponto por 25 ele visado, isso também confere ao acima a capacidade de princípio relativamente às outras formas. Assim, eles merecem ser criticados por conta de dois motivos: primeiro, por haverem omitido os princípios soberanos; segundo, por conceberem os principios por eles reconhecidos como sendo pertencentes igualmente a todas as coisas. Como anteriormente já decidimos que essas funções se encontram nas coisas que possuem em si um principio de movimento, 30 e que o céu é animado e possui tal princípio, fica evidenciado que ele possui acima e abaixo, e direito e esquerdo. Não há necessidade de nos vermos incomodados com o fato de *a forma do universo ser esférica*,[286] e tampouco nele podermos discernir direito e esquerdo,

---

282. ...δυνάμει... (*dynámei*).

283. ...σχήμασι... (*skhémasi*).

284. ...τὸ μῆκος... (*tò mêkos*), uma das três dimensões, além da largura e da profundidade; o mesmo que comprimento.

285. Ver *Metafísica*, Livro V, capítulo 11.

286. ...σφαιροειδὲς εἶναι τὸ σχῆμα τοῦ παντός... (*sphairoeidès eînai tò skhêma toŷ pantós*).

LIVRO II | 105

285b1 porquanto todas suas partes são semelhantes e estão em movimento perpétuo. Devemos concebê-lo como se fosse algo cujo direito difere de seu esquerdo tanto em forma quanto em outros aspectos, mas que está contido numa esfera, situação em que o direito manterá uma função distintiva, embora isso não se fará aparente
5 por conta da *uniformidade da forma*;[287] no tocante à origem de seu movimento, devemos pensar coisa idêntica. Mesmo que não haja ocorrido jamais um começo de seu movimento, ainda assim é necessário que o céu possua um princípio a partir do qual teria desencadeado seu movimento se tivesse começado, e do qual recomeçaria se houvesse parado.

Entendo por extensão [do céu] a distância entre seus polos, um polo situado acima e outro abaixo; somente dois dos hemisférios
10 distinguem-se dos demais, a saber, pela *imobilidade dos polos.*[288] Igualmente na linguagem ordinária, quando dizemos *a transversal no mundo*[289] não nos referimos ao acima e ao abaixo, mas *ao que atravessa*[290] a extensão dos polos; de fato, transversal significa aquilo que *atravessa*[291] de um lado ao outro o acima e o abaixo.

15 Quanto aos polos, o que se mostra acima de nós constitui a parte mais inferior, enquanto o que se oculta de nós a parte mais superior. Entendemos como direito de qualquer coisa o lado de onde parte seu *movimento espacial.*[292] Bem, é no lado do nascente dos astros que a revolução do céu principia, constituindo, portanto, este o seu direito, e o lado do ponte dos astros o seu esquerdo.
20 Ora, se seu início de revolução é a partir da direita, sendo efetuado um novo movimento circular para a direita, o seu polo superior é necessariamente o que se oculta, uma vez que, se fosse o que apare-

---

287. ...ὁμοιότητα τοῦ σχήματος... (*homoióteta toû skhématos*).

288. ...μὴ κινεῖσθαι τοὺς πόλους... (*mè kineîsthai toỳs póloys*).

289. ...τὰ πλάγια ἐν τῷ κόσμῳ... (*tà plágia en tôi kósmoi*). Aristóteles continua alternando os usos de πᾶν (*pân*), κόσμος (*kósmos*) e οὐρανός (*oyranós*).

290. ...τὸ παρὰ... (*tò parà*), Allan; ...τὰ περὶ... (*tà perì*), o que circunda, Bekker e Guthrie. Ficamos com o primeiro por simples consistência formal do texto.

291. ...παρὰ... (*parà*), Allan; ...περὶ... (*perí*), em torno, circundante, Bekker e Guthrie. Ficamos com o primeiro. Ver nota anterior.

292. ...τόπον κινήσεως... (*tópon kinéseos*), ou seja, o movimento local, a locomoção.

106 | DO CÉU

ce, o movimento seria para a esquerda, algo que negamos. Diante
disso fica claro, portanto, que o polo que não se mostra é o superior,
estando os que habitam em sua região no hemisfério superior e à
25 direita, enquanto nós estamos no inferior e à esquerda. Isso se opõe
frontalmente ao que os pitagóricos declaram, colocando-nos acima
e à direita, enquanto aos outros abaixo e à esquerda. O factual é
precisamente o contrário. Entretanto, no tocante à *segunda revolução*,[293] quero dizer, a dos *planetas*,[294] nossa posição é a superior e à
30 direita, enquanto eles ocupam a parte inferior e esquerda; o lugar
de onde partem é o lado inverso, visto que o rumo de seu movimento é oposto. Disso decorre estarmos nós no início e eles no fim. No
que toca às partes dimensionalmene determinadas e definidas do
286a1 ponto de vista de seu lugar, essa discussão basta.

3

ORA, COMO O MOVIMENTO CIRCULAR não se opõe ao movimento circular, cabe-nos indagar o porque da pluralidade dos mo-
5 vimentos, ainda que a distância que nos separa de nosso objeto de
investigação[295] seja muito grande, não tanto no sentido da distância
no espaço, porém mais propriamente porque nossos sentidos são
capazes de perceber apenas pouquíssimos de seus atributos. Contudo, façamos nosso discurso. Eis nosso ponto de partida com o

---

293. ...δευτέρας περιφορᾶς... (*deytéras periphorâs*).

294. ...πλανήτων... (*planéton*). Aristóteles, como a grande maioria dos sábios da antiguidade, concebe um sistema geocêntrico, a saber, o que tem a Terra como centro
do sistema astronômico, e não o sol. Como estamos cientes, o sistema heliocêntrico só foi demonstrado oficialmente, muitos séculos depois, por Copérnico, embora astrônomos mais antigos, como Eratóstenes e Hiparco (séculos I e II a.C.) e
Hipátia (século IV d.C.) já questionassem o sistema geocêntrico e provavelmente
hajam concebido teorias a favor do sistema heliocêntrico, teorias infelizmente
perdidas para nós. Para o Estagirita, e a astronomia grega antiga em geral, os
πλανήτων (*planéton*), que significa *errantes*, eram Mercúrio, Vênus, Marte, Júpiter e Saturno, astros errantes que, juntamente com a lua e o sol, giravam em torno
da Terra. Plutão e Urano eram desconhecidos para eles.

295. Ou seja, os corpos celestes.

LIVRO II | 107

intuito de descobrir esse porque: cada coisa que executa uma
operação existe por causa dessa operação. *A atividade de Deus é*
10 *imortalidade, ou seja, vida eterna.*[296] A consequência necessária é o
movimento divino ser eterno. E, visto ser essa a natureza do céu
(um corpo divino), por isso a ele é conferido um corpo circular, o
qual naturalmente move-se sempre num círculo.

E por que não é o mesmo no que diz respeito ao corpo inteiro
do céu? Porque há a exigência de haver no centro do corpo que gira
algo estacionário; entretanto, no que respeita a esse corpo, não é
15 possível que nenhuma parte seja estacionária, quer absolutamente,
quer no centro. Essa possibilidade só seria admissível se esse corpo
tivesse um movimento natural centrípeto; ora, estamos cientes de
que ele se move de maneira natural num círculo, caso contrário não
seria possível que fosse eterno; a propósito, nada que é não natural
é eterno. O não natural sucede ao natural, constituindo um *des-*
20 *vio*[297] do natural durante sua geração.[298] Daí a necessidade da existência da terra, porquanto é ela que permanece estacionária no centro. (Aceitemo-lo por ora, mas será objeto de discussão posteriormente.) Contudo, a necessidade de existir terra determina aquela

---

296. ...Θεοῦ δ' ἐνέργεια ἀθανασία· Τοῦτο δ' ἐστὶ ζωὴ ἀΐδιος... (*Theoŷ d' enérgeia
athanasía. Toŷto d' estì zoè aḯdios*): esta sentença, aparentemente sem maiores
problemas do prisma linguístico e formal, tem gerado, ao longo dos séculos uma
polêmica infindável, principalmente devido ao ...Θεοῦ... (*Theoŷ*) que a inicia. Há
helenistas, como o próprio Guthrie, que (inclusive em consonância com o poli-
teísmo da religião grega antiga), entendem que é *um deus* e não *Deus*, afastando
qualquer conexão ou identificação com o Deus (primeiro motor imóvel, conceito
fundamental proposto na *Metafísica*, Livro XII, por Aristóteles), sob a alegação
de que, na progressão das doutrinas aristotélicas, o Estagirita não teria ainda concebido o Primeiro Motor Imóvel. Aliás, a afirmação do mestre do Liceu na imediata sequência (286a12) de que o céu é um corpo divino poderia respaldar esse
entendimento. Entretanto, e sem pretender, na nossa condição modesta, ingressar
no mérito de uma questão de tamanha envergadura e complexidade, que divide
célebres e ilustres eruditos há tanto tempo, pensamos ser mais aconselhável (na
nossa despretensiosa posição não erudita que se limita a contemplar a mera formação filosófica) optar sempre por uma visão de conjunto do sistema peripatético,
o que obriga evidentemente, neste caso, a ter em vista a concepção do *primeiro
motor imóvel* presente na *Metafísica*. Ver *Metafísica*, especialmente Livro XII,
capítulo 7, 1072b30.

297. ...ἔκστασίς... (*ékstasís*).

298. Ou seja, na esfera do vir a ser.

108 | DO CÉU

de existir fogo, pois se um dos [elementos] de um par de contrários existe naturalmente, também o outro tem que existir naturalmente se for efetivamente um contrário, sendo imperioso igualmente que 25 possua uma natureza própria. A matéria dos contrários é idêntica, e *a afirmação anterior à negação*,[299] do que é exemplo o quente, que é anterior ao frio; que se acresça que repouso e peso são definidos como negação (privação) de movimento e leveza. Por outro lado, é determinada pela existência do fogo e da terra a existência dos corpos intermediários, diante da constatação de que cada um dos ele- 30 mentos opõe-se aos demais. (Admitamo-lo também por ora, estando reservada para mais tarde a tentativa de sua explicação.)

A existência dos [elementos] determina claramente a necessidade da geração (vir a ser), porque nenhum deles é, em si, eterno; o fato é que contrários exercem ação entre si, estão submetidos entre si e são mútuos destruidores. Ademais, não seria razoável existir um 35 *móvel eterno*[300] impossibilitado de possuir um movimento naturalmente eterno. E [esses corpos] têm um movimento.

286b1 Com base nisso evidencia-se que a geração (o vir a ser) é necessária. Entretanto, existindo vir a ser, existe necessariamente um outro movimento {além daquele dos astros fixos}[301] ou mais de um; assim, um movimento único do todo resultaria necessariamente em 5 manter inalteradas as relações entre os elementos dos corpos. Isso também fica reservado para outra oportunidade, em que será discutido com maior clareza; por ora, fica, ao menos, evidente a causa de haver mais de um corpo circular, ou seja, o porque da necessidade da existência da geração (vir a ser), a qual existe necessariamente devido à presença do fogo; esse último e os demais [corpos], por sua vez, existem devido à presença da terra. A existência da terra foi determinada pela necessidade de algo em perpétuo repouso para existir algo em perpétuo movimento.

---

299. ...τῆς στερήσεως πρότερον ἡ κατάφασις... (*tês steréseos próteron he katáphasis*). O sentido é tanto lógico quanto ontológico, de modo que também poderíamos traduzir, dando maior peso ao ontológico: a posse anterior à privação.

300. ...κινητὸν ἀΐδιον... (*kinetòn aḯdion*).

301. { } Adição de Guthrie entre colchetes.

LIVRO II | 109

4

10 *O CÉU*[302] necessariamente possui a *forma*[303] esférica. Trata-se do mais apropriado à sua substância, além dessa forma ser primária na natureza. Discutiremos em termos universais as superfícies planas e os sólidos a fim de apurar qual é entre eles a forma primária. *Toda figura plana*[304] é uma de duas: retilínea ou curvilínea.
15 A retilínea é limitada por uma multiplicidade de linhas, enquanto a curvilínea o é por uma única. Ora, como em cada gênero, por natureza, o um é anterior ao múltiplo e o simples o é em relação ao composto, o círculo deve ser a figura plana primária. Ademais, se *completo*[305] é aplicado, como definimos antes, àquilo fora do
20 que nenhuma parte de si pode ser encontrada, e constatamos ser sempre possível a adição a uma linha reta, mas jamais a um círculo, claramente a linha que contorna o círculo[306] é completa. Admitido que o completo é anterior ao incompleto, fica também demonstrada a anterioridade do círculo em relação às outras figu-
25 ras. Igualmente, a esfera é o sólido primário, porquanto exclusivamente ela é circunscrita por uma única superfície, ao passo que os sólidos retilíneos o são por várias. A esfera, entre os sólidos, corresponde ao que é o círculo entre as figuras planas. A propósito, aqueles que dividem com base em superfícies e geram os corpos a partir de superfícies,[307] parecem admiti-lo, pois suas divisões não incluem a da esfera, sob a alegação de que ela possui apenas uma
30 superfície; de fato, a divisão em superfícies a que eles se referem

---

302. ...τὸν οὐρανόν... (*tòn oyranón*), mas Aristóteles prosseguirá usando termos alternativos para designar a mesma coisa, como em 287a12, onde emprega ...τὸ πᾶν, ... (*tò pân,*), o universo.

303. ...Σχῆμα... (*Skhêma*) denota tanto a forma de um corpo qualquer quanto a conformação, figura, geometricamente falando. Evidentemente Aristóteles, em grego, utilizará sempre a mesma palavra, enquanto nós, em português, utilizaremos alternadamente, conforme o caso, forma ou figura.

304. ...Ἅπαν δὴ σχῆμα ἐπίπεδον... (*Hápan dè skhêma epípedon*). Ver nota anterior.

305. ...τέλειόν... (*téleión*), o mesmo que perfeito.

306. Ou seja, a circunferência.

307. Aristóteles tem em mente uma das teorias de Platão no *Timeu*.

110 | DO CÉU

não é a divisão de um todo em suas partes, mas sim a divisão que resulta em [partes] *especificamente diferentes*.[308]

Que a esfera é, assim, a primeira figura sólida, ressalta evidente. Na hipótese de ordenarmos as figuras segundo um critério numé-
35 rico[309] (o círculo correspondendo a um, ao passo que o triângulo, devido aos seus dois ângulos retos, ao dois), é sumamente razoável
287a1 atribuir-lhe essa posiçao. Realmente, a consequência de se atribuir unidade ao triângulo seria fazer o círculo deixar de ser uma figura. Ocorre que a figura primária pertence ao corpo primário, e este é aquele situado na circunferência mais extrema. Resulta que o corpo
5 detentor de movimento circular é esférico.

Que se diga o mesmo do corpo que lhe é contíguo, uma vez que o que é contíguo ao esférico é esférico. É igualmente o que ocorre com [os corpos] que se dirigem ao centro e dele estão mais próximos, pois aqueles que são contornados pelo esférico e com este têm pleno contato são necessariamente esféricos; e aqueles em posição inferior {aos planetas}[310] estão em contato com a esfera acima deles.
10 Há, portanto, uma continuidade do esférico, pois todas as coisas por ele contidas tocam continuamente as esferas.

Ademais, como pelo que parece, e admitimo-lo, o universo gira num círculo, e foi demonstrado que *fora da circunferência mais extrema não existe nem vazio nem lugar*,[311] dispomos de uma razão suplementar para concluir necessariamente a favor de sua própria es-
15 fericidade. De fato, sua limitação pelo retilíneo determinaria a existência de lugar, corpo e vazio fora dele. Uma figura retilínea girando num círculo jamais ocupará um espaço idêntico, mas, onde existiu anteriormente um corpo, agora não existe nenhum, e onde presentemente não existe nenhum não demorará a existir um devido à alteração da posição dos ângulos. O mesmo ocorreria se ele assu-

---

308. ...ἕτερα τῷ εἴδει... (*hétera tôi eídei*), ou seja, diferentes do ponto de vista da forma.

309. Ou seja, de acordo com o número que lhes cabe.

310. { } ...τῆς τῶν πλανήτων... (*tês tôn planéton*): registrado por Guthrie entre colchetes com base em Bekker. Mas Guthrie não o traduz.

311. ...τῆς ἐσχάτης περιφορᾶς οὔτε κενόν ἐστιν ἔξωθεν οὔτε τόπος, ... (*tês eskhátes periphorâs oýte kenón estin éxothen oýte tópos,*).

LIVRO II | 111

20 misse outra forma em que os raios, partindo do centro, fossem desiguais, como nos casos das formas de lentilha ou do ovo. Em tudo é preciso admitir a existência de lugar e vazio externamente ao movimento, porque o todo não ocupará sempre o mesmo espaço.

Por outro lado, supondo que o movimento do céu seja a medida dos movimentos, por ser ele exclusivamente contínuo, regular e 25 eterno, e se, tendo em vista cada [gênero], a medida é o mínimo e o movimento mínimo é o mais célere, resulta *claramente que, de todos os movimentos, o mais célere é o movimento do céu.*[312] Entretanto, a linha limitadora do círculo, entre aquelas que retornam à sua origem, é a mais curta, e o movimento mais célere é aquele que segue a linha mais curta. Consequentemente, se o céu executa um movimento cir30 cular da maior celeridade, conclui-se necessariamente que é esférico.

A consideração dos corpos localizados ao redor do centro nos induziria igualmente a crer nisso; afinal, se a água é encontrada em torno da terra, o ar em torno da água e o fogo em torno do ar, os corpos superiores estarão dispostos de maneira idêntica, pelo fato de que, embora não contínuos, estabelecem contato com eles. 287b1 A superfície da água, contudo, é esférica, e aquilo que é contínuo com o esférico ou o contorna tem que ser esférico. A conclusão é que também isso evidencia a forma esférica do céu.

5 Quanto à superfície da água apresentar essa mesma forma, pode ser demonstrado se partirmos do fato observável de que a água tende naturalmente a coletar-se no lugar mais profundo – e *mais profundo*[313] é o mais próximo do centro. Que AB e AC sejam linhas traçadas a partir do centro e unidas pela reta BC. A linha AD, traçada até a base, é mais curta do que as linhas radiais do centro, sendo 10 esse lugar, portanto, mais profundo. Consequentemente, a água fluirá para ele até enchê-lo, de modo a obter-se igualdade de nível. A linha AE, de sua parte, iguala os raios, o que fará com que a água venha necessariamene situar-se nas extremidades dos raios, permanecendo aí em repouso. A linha, entretanto, que está nas extremi-

---

312. ...δῆλον ὅτι ταχίστη ἂν εἴη πασῶν τῶν κινήσεων ἡ τοῦ οὐρανοῦ κίνησις... (*dêlon hóti takhíste àn eíe pasôn tôn kinéseon he toŷ oyranoŷ kínesis*).

313. ...κοιλότερον... (*koilóteron*).

112 | DO CÉU

dades dos raios é uma circunferência. Daí concluirmos que a super-
15 fície da água, BEC, é esférica. Ficou evidenciado, por força destas
nossas considerações, que *o mundo*[314] é esférico e seu giro é realizado
com tal exatidão que nada lhe é comparável, seja o fabricado [pelo
ser humano], seja *o revelado aos nossos olhos*.[315] Com efeito, a matéria responsável pela composição dessas coisas [distintas do mundo]
nada inclui que possua a regularidade e o acabamento da natureza
20 do *corpo circundante*.[316] Realmente, quanto mais distantes da terra,
os elementos se tornam evidentemente sempre mais sutis, na mesma
proporção da maior sutileza da água comparativamente à terra.

5

O MOVIMENTO CIRCULAR pode ocorrer em duas direções: de A
rumo a B ou a C. Já foi informado que essas direções não são reciprocamente opostas; todavia, se não é possível que nada que ocorra
25 *por acaso ou espontaneamente*[317] tenha a ver com o eterno, e o céu e
seu movimento circular são eternos, como explicar que ele se move
numa direção e não na outra? É necessário ser ele mesmo um princípio ou estar subordinado a um princípio. Talvez se considere a
30 tentativa de apresentar prova para tudo, nada omitindo, sinal de
exagerada candidez ou de zelo exagerado.[318] Entretanto, essa crítica
não se revela sempre igualmente justa. Deve-se apurar a razão para
o falar e estimar que tipo de credibilidade busca aquele que fala –
se simplesmente *humana ou [algo] mais sólido*.[319] Se topamos com

---

314. ...ὁ κόσμος... (*ho kósmos*).

315. ...ἡμῖν ἐν ὀφθαλμοῖς φαινομένων... (*hemîn en ophthalmoîs phainoménon*), ou
seja, os fenômenos naturais percebidos por nossa visão.

316. ...πέριξ σώματος... (*périx sómatos*), ou seja, o céu que como um todo esférico
envolve todas as coisas terrestres.

317. ...ἔτυχε μηδ᾽ ἀπὸ ταὐτομάτου... (*étykhe med' apò taytomátoy*).

318. ...πολλῆς εὐηθείας ἢ πολλῆς προθυμίας. ... (*pollês eyetheías è pollês
prothymías.*).

319. ...ἀνθρωπίνως ἢ καρτερώτερον. ... (*anthropínos è karteróteron.*).

LIVRO II | 113

288a1 provas de cunho mais imperioso, cabe-nos tributar o devido reconhecimento a quem as descobriu. De momento, porém, devemos nos ater ao que se mostra plausível.

A crermos que a natureza sempre produz o melhor resultado possível, e que, tal como dos movimentos retilíneos, o ascendente é
5 *superior*[320] (porque o lugar superior é comparativamente mais divino do que o lugar inferior), de modo que o movimento para frente é superior[321] ao movimento para trás, esse par de movimentos possui igualmente um anterior e um posterior. O direito e o esquerdo estão em idêntica situação, em consonância com a explicação anterior, e tal como indicado pela dificuldade há pouco suscitada. Isto proporciona uma explicação que soluciona nossa dificuldade, pois
10 se o estado [produzido pela natureza] é o melhor, eis a razão para o fato indicado; o melhor é mover mediante um movimento simples, incessante e na direção superior.

6

O QUE NOS CABE EXPLICAR NA SEQUÊNCIA é que seu[322] próprio movimento *é regular, e não irregular.*[323] (Ao dizê-lo, refiro-me ao
15 *primeiro céu e ao movimento primário,*[324] visto que nas regiões inferiores muitos movimentos são combinados em um.)

---

320. ...τιμιώτερον... (*timióteron*): *superior* neste caso incorpora necessariamente, a se somar à superioridade da posição espacial determinada pela elevação (movimento ascendente) na direção além da região sublunar, maior qualidade e maior dignidade.

321. Em qualidade e dignidade, mas sem incluir a elevação espacial.

322. Isto é, do céu.

323. ...ὅτι ὁμαλής ἐστι καὶ οὐκ ἀνώμαλος. ... (*hóti homalés esti kaì oyk anómalos.*).

324. ...περὶ τοῦ πρώτου οὐρανοῦ καὶ περὶ τῆς πρώτης φορᾶς... (*perì toŷ prótoy oyranoŷ kaì perì tês prótes phorâs*). Para Aristóteles, o céu é heterogêneo (poderíamos até designá-lo pelo plural *céus*) e não homogêneo, sendo composto de várias regiões e esferas, aludindo ele aqui com a expressão ...πρώτου οὐρανοῦ... (*prótoy oyranoŷ*) (primeiro céu) à região mais elevada de todas; ...πρώτης φορᾶς... (*prótes phorâs*) (primeiro movimento) é o pertencente a essa região mais elevada.

114 | DO CÉU

O movimento [celeste] irregular promoveria claramente aceleração, clímax e retardamento, uma vez que todo movimento que é irregular *possui retardamento, aceleração e clímax.*[325] A ocorrência
20 do clímax pode ser ou no ponto de partida, ou no ponto de chegada, ou no ponto intermediário; assim, talvez pudéssemos dizer que, no caso do movimento natural, o clímax ocorreria no ponto de chegada, no caso do movimento não natural no ponto de partida, e naquele do movimento de um projétil ocorreria no ponto intermediário. Entretanto, o movimento circular não possui nem ponto de partida, nem ponto de chegada, nem ponto intermediário, a considerarmos que é destituído de começo, limite e mediania absolutos; de fato, do prisma do tempo, ele é eterno, naquele da ex-
25 tensão retorna sobre si mesmo e não admite nenhuma interrupção. Portanto, se não há clímax quanto ao movimento [do céu], não haverá tampouco irregularidade, uma vez que esta é gerada pelo retardamento e a aceleração.

Além disso, como tudo o que é movido o é por alguma coisa, a irregularidade do movimento tem que se originar ou do motor, ou
30 da coisa movida, ou de ambos. Se o motor não exerce movimento com *força idêntica,*[326] ou se a coisa movida se altera, em lugar de se manter a mesma, ou se ambos mudam, nada impediria a ocorrência do movimento irregular da coisa movida. Nenhuma, porém, dessas possibilidades é concebível no que diz respeito ao céu; foi demons-
288b1 trado, a propósito, que a *coisa movida*[327] é primária, simples, não gerada, indestrutível e completamente imutável; e com muito maior razão essas qualidades são atribuíveis ao *motor,*[328] visto que somente aquilo que é primário pode mover aquilo que é primário, aquilo que é simples mover aquilo que é simples, e aquilo que é indestrutível e não gerado mover aquilo que é indestrutível e não
5 gerado. Se, então, a coisa movida, ou seja, o corpo, não muda, *tam-*

---

325. ...καὶ ἄνεσιν ἔχει καὶ ἐπίτασιν καὶ ἀκμήν. ... (*kaì ánesin ékhei kaì epítasin kaì akmén*).

326. ...αὐτῇ δυνάμει... (*aytêi dynámei*).

327. ...κινούμενον... (*kinoýmenon*).

328. ...κινοῦν... (*kinoŷn*).

LIVRO II | 115

pouco muda o motor, que é incorpóreo.[329] *Por conseguinte, que o movimento seja irregular é impossível.*[330]

Na suposição de vir a ser irregular, [o movimento] mudaria como um todo, vindo a ser alternadamente mais rápido ou mais lento, ou suas partes mudariam por si mesmas. É evidente que [o
10 movimento] das partes não é irregular, pois se assim fosse, teria ocorrido um distanciamento entre os astros *no infinito do tempo*,[331] na medida em que um moveu-se mais celeremente e outro mais lentamente, variação nos seus intervalos que, a rigor, não foi revelada pelas observações. Por outro lado, é inconcebível uma mudança no todo. O retardamento se produz devido à *incapacidade*,[332] e esta
15 contraria a natureza (entre os animais, todas as incapacidades são antinaturais, como a velhice e o declínio, o que é provavelmente determinado pelo fato de que toda a organização animal é constituída por elementos divergentes no tocante aos lugares que lhes são próprios, ou seja, nenhuma de suas partes ocupa seu próprio lugar). Ora, uma vez que o antinatural não está presente no que é primá-
20 rio, pois este é simples e puro, estando situado em seu próprio lugar e sem contrário, sua incapacidade, bem como, decorrentemente, seu retardamento e sua aceleração são inadmissíveis; com efeito, esta última envolve retardamento.

Por outro lado, é *irracional*[333] que o motor não manifeste capacidade por um tempo infinito para depois, durante um outro tempo infinito, manifestá-la; de fato, está claro que aquilo que é não natural jamais perdura por um tempo infinito (e a incapacidade é não natural) e, tampouco, a duração do não natural é igual à do
25 natural ou qualquer forma de incapacidade, tanto quanto a capacidade. Todavia, se o movimento sofre um retardamento, isso ocorre por um tempo necessariamente infinito. A aceleração perpétua ou

---

329. ...οὐδ' ἂν τὸ κινοῦν μεταβάλλοι ἀσώματον ὄν. ... (*oyd' àn tò kinoŷn metabálloi asómaton ón.*).

330. ...Ὥστε καὶ τὴν φορὰν ἀδύνατον ἀνώμαλον εἶναι... (*Hóste kaì tèn phoràn adýnaton anómalon eînai*). Presente em Bekker e Guthrie.

331. ...ἐν τῷ ἀπείρῳ χρόνῳ... (*en tôi apeíroi khrónoi*).

332. ...ἀδυναμίαν... (*adynamían*).

333. ...ἄλογον... (*álogon*).

116 | DO CÉU

o retardamento perpétuo não é possível, uma vez que tal movimento seria infinito e indeterminado, quando concebemos que todo
30 movimento é de um ponto fixo para outro, e é determinado.

Ademais, podemos muito bem admitir que existe um certo tempo
mínimo abaixo do qual o movimento do céu não pode ocorrer por
completo. Os exercícios do caminhar e do tocar cítara, inclusive,
são impossíveis a qualquer tempo que se queira; toda *ação*[334] requer
um tempo mínimo definido insuperável, de sorte que é impossível
289a1 também para o céu ter seu movimento executado e concluído em
qualquer tempo; se isso for verdadeiro, não pode haver uma *aceleração perpétua do movimento*,[335] (e, na impossibilidade dessa aceleração, o mesmo vale para o retardamento, uma vez que a constatação é aplicável a ambos ou a um ou outro isoladamente), em caso
de constância ou aumento da aceleração, e perdurar por um tempo
5 infinito. Que o movimento torna-se alternadamente mais célere e
mais lento é tudo que nos resta dizer. Isso, porém, é inteiramente
irracional e igualmente artificioso. É de se acrescer que é bastante
improvável que esse tipo de coisa escapasse à percepção sensorial,
porquanto o contraste facilita a observação.

Fica, assim, suficientemente explicado que há um único mundo,
10 que é não gerado e eterno e, adicionalmente, que seu movimento
é regular.

7

CABE-NOS, na sequência, tratar daquilo que chamamos de *astros*,[336]
de sua composição, suas formas e movimentos. O mais razoável e
coerente com o nosso discurso anterior seria conceber que cada um

---

334. ...πράξεως... (*práxeos*).

335. ...ἀεὶ ἐπίτασις τῆς φορᾶς... (*aeì epítasis tês phorâs*).

336. ...ἄστρων... (*ástron*), corpos celestes de grande magnitude que emitem luz própria. Cf. ...ἀστέρας... (*astéras*), 290a20 e nota 352. No plural designa um conjunto
de estrelas, ou seja, uma constelação. Aristóteles reporta-se ao sentido genérico.

LIVRO II | 117

15 dos astros é composto do corpo em que realiza seu movimento, visto que, como dissemos, há um corpo que por natureza move-se circularmente. Há os que afirmam que são de fogo, e a razão para o afirmarem é entenderem que o corpo mais superior é o fogo, e presumirem, de maneira *razoável*,[337] que cada coisa deve ser composta do mesmo material daquilo em que está situada. Nossa explicação segue a mesma linha de raciocínio.

20 O calor e a luz que emitem são produzidos graças à fricção do ar mediante seu movimento. O movimento tende a inflamar naturalmente *a madeira, a pedra e o ferro*,[338] e com maior razão deve exercer esse efeito um elemento que está mais próximo do fogo, que é o ar. Isso pode ser exemplificado pelos projéteis, que no seu movimento são eles próprios inflamados a tal ponto que produzem

25 o derretimento de esferas de chumbo; e se os próprios projéteis inflamam-se, necessariamente o ar que os rodeia é identicamente afetado. Assim, enquanto esses [projéteis] tornam-se aquecidos por ação do movimento do ar, o qual se converte em fogo devido ao movimento [dos projéteis], os corpos superiores são transportados em suas esferas individuais, do que resulta não se inflamarem,

30 embora o ar que se encontra sob a esfera do corpo girante seja necessariamente aquecido por esse movimento, isso ocorrendo principalmente no lugar em que o sol está fixamente instalado. O resultado é o aumento de calor à medida que ele fica mais próximo ou mais elevado sobre nós.

Com relação aos [astros], concluímos com nossa exposição que

35 *não são nem ígneos nem se movem no fogo*.[339]

8

289b1 A EVIDÊNCIA DE QUE OCORREM MUDANÇAS não só na posição dos astros como também na do céu inteiro nos conduz necessaria-

---

337. ...εὔλογον... (*eýlogon*), isto é, de maneira lógica.

338. ...καὶ ξύλα καὶ λίθους καὶ σίδηρον... (*kaì xýla kaì líthoys kaì síderon*).

339. ...οὔτε πύρινά ἐστιν οὔτ᾽ ἐν πυρὶ φέρεται... (*oýte pýriná estin oýt᾽ en pyrì phéretai*).

mente a concluir ou pelo repouso de ambos, ou pelo movimento de ambos, ou pelo repouso de uns e o movimento do outro.

5 O repouso de ambos é impossível porque se a Terra estivesse em repouso não ocorreria a produção dos fenômenos. E nossa hipótese é a do repouso da Terra. Permanecemos com o seguinte: ou ambos se movem, ou um deles se move, ao passo que o outro está em repouso.

Se ambos[340] se movem, topamos com o *irracional*,[341] a saber, as velocidades dos astros e dos círculos revelam-se idênticas, posto que 10 cada astro, nesse caso, igualaria em velocidade o círculo no qual se move, visto que podem ser observados ao retornar ao mesmo lugar concomitantemente aos círculos. Isso nos leva a concluir que é num único e mesmo momento que o astro atravessou o círculo e este completou sua própria revolução, tendo feito o percurso de sua própria circunferência. Não é, porém, razoável conceber que há uma proporção entre a velocidade dos astros e a magnitude de seus círculos. 15 Não é absurdo, mas necessário, que as velocidades dos círculos sejam proporcionais às suas magnitudes. Mas que cada astro neles apresente a mesma proporção não é de modo algum razoável. Se o [astro] que realiza um curso no círculo maior é necessariamente o mais célere, uma coisa se patenteia: mesmo que as posições dos astros fossem alteradas, com consequente intercâmbio dos círculos, ainda assim o 20 astro no círculo maior apresentaria maior celeridade, enquanto o outro, maior lentidão. Entretanto, nesse caso, não teriam nenhum movimento próprio, sendo movidos pelos círculos. Se, pelo contrário, a ocorrência foi espontânea, ainda assim é igualmente nada razoável que o acaso produzisse uma coincidência, de modo a fazer com que em todos os casos o círculo maior fosse acompanhado por um movimento mais rápido do astro que nele se encontra. Seria concebível que isso pudesse suceder em um ou dois casos, mas a ocorrência in- 25 discriminada em todos os casos afigura-se *absurda*.[342] *A somar-se a*

---

340. Ou seja, os astros e o céu inteiro.

341. ...ἄλογον... (*álogon*).

342. ...ἄτοπον. ... (*átopon.*), etimológica e literalmente, sem lugar, deslocada; genericamente, despropositada, carente tanto de racionalidade quanto de normalidade; irracional e ao mesmo tempo estranha, extravagante, mesmo fantasiosa.

LIVRO II | 119

isso, o acaso não existe na natureza,[343] e o que acontece em todos os lugares e em todas as situações não se deve ao acaso.

Por outro lado, se supormos que os círculos estão em repouso e os próprios astros se movem, topamos com *a mesma irracionalidade e de igual modo,*[344] pois significaria que [*os astros*] *exteriores*[345] são mais céleres e as velocidades correspondem à magnitude dos círculos.

30 Sendo assim, como então nem o movimento de ambos[346] nem aquele dos astros isoladamente revelam-se razoáveis, só nos resta concluir pelo movimento dos círculos e o repouso dos astros que, não possuindo movimento próprio, são movidos com os círculos nos quais estão fixamente instalados. É a única forma de não acarretar o *irracional.*[347]

35 É *razoável*[348] que uma velocidade mais elevada seja a de um círculo maior no que respeita àqueles círculos em torno de um centro
290a1 idêntico (quanto maior for o corpo, no caso de movimento próprio, mais celeremente realizará seu próprio movimento, algo idêntico ocorrendo a corpos cujo movimento é circular. Quando arcos são interceptados por raios procedentes do centro, o pertencente
5 ao círculo maior será maior, o que torna razoável que um círculo maior leve um tempo igual aos outros para girar.) A não desintegra-

---

343. ...ἅμα δὲ καὶ οὐκ ἔστιν ἐν τοῖς φύσει τὸ ὡς ἔτυχεν, ... (*háma dè kaì oyk éstin en toîs phýsei tò hos étykhen,*).

344. ...τὰ αὐτὰ καὶ ὁμοίως ἔσται ἄλογα... (*tà aytà kaì homoíos éstai áloga*).

345. ...τὰ ἔξω... (*tà éxo*). Aristóteles refere-se aos astros mais distantes do centro do mundo, em contraste com os astros errantes (planetas).

346. Ou seja, dos astros e do céu inteiro.

347. ...ἄλογον... (*álogon*). Convém notar que os termos ἄλογος (*álogos*) e εὔλογος (*eýlogos*) – indicamos as formas, de praxe, do nominativo singular – possuem a mesma raiz λόγος (*lógos*), que significa genérica e principalmente palavra, discurso racional, razão, mas não são exatamente antônimos. O primeiro designa o que é completamente destituído de racionalidade, isto é, absurdo, enquanto o segundo designa apenas o que é plausível ou razoável, ou seja, o que pode ser considerado do prisma da razão ou é dotado de razão. Por vezes, parece que Aristóteles emprega os termos dessa família indiscriminadamente, mas é importante ter essas diferenças em mente.

348. ...εὔλογον... (*eýlogon*). Ver nota anterior.

120 | DO CÉU

ção do céu tem não só nisso sua explicação, como também no que já foi demonstrado acerca da continuidade do todo.

Além disso, visto que os astros são esféricos, afirmação que é de outros e que também é a nossa, admitindo nós que os geramos a partir do corpo esférico e que este apresenta dois movimentos que
10 lhe são próprios, a saber, *revolução e rotação*,[349] se os astros tivessem movimento próprio eles se moveriam segundo um desses dois movimentos. Mas nem um nem outro são revelados pela observação. Se seu movimento fosse rotativo, permaneceriam no mesmo lugar sem mudá-lo, o que se opõe ao revelado pela observação e ao consenso geral; a propósito, seria razoável pensarmos que todos
15 apresentam o mesmo movimento, que não é o rotativo, salvo o do *sol*[350] no seu nascente e poente, e, mesmo no seu caso, não devido a ele próprio, mas por conta de o vermos a tão grande distância, já que nossa visão nessas condições apresenta debilidade e instabilidade.[351] Talvez isso também explique o motivo da aparente cintilação
20 das *estrelas*[352] fixas, ao passo que os planetas parecem não cintilar. Considerando que os planetas estão próximos, é possibilitado que a visão, dentro de sua capacidade, os alcance; para atingir, entretanto, [as estrelas fixas], a faculdade visual vacila por conta da excessiva extensão que tem que cobrir. O resultado dessa tremulação é produzir-se uma ilusão de que o movimento pertence ao próprio astro. Afinal, tanto faz se o movimento ocorre no raio de visão ou no objeto da visão.

25 Por outro lado, outra coisa que se evidencia é os astros não executarem um movimento de revolução, posto que esta implica ne-

---

349. ...κύλισις καὶ δίνησις... (*kýlisis kaì dínesis*), respectivamente movimento giratório no espaço em diversas direções e movimento giratório sem deslocamento (não espacial) sobre o próprio eixo.

350. ...ἥλιος... (*hélios*).

351. O telescópio foi uma invenção muito posterior aos tempos de Aristóteles. Ele se refere à observação do sol a olho nu.

352. ...ἀστέρας... (*astéras*): todos os corpos celestes (geralmente de grandes proporções) capazes de gerar luz e calor por si próprios, permitindo sua observação da Terra a olho nu como pontos brilhantes. Ver nota 336.

LIVRO II | 121

cessariamente rotação;[353] ora, tudo que a *lua*[354] nos exibe sempre é o que denominamos *face*.[355-356]

A conclusão é que se os astros se movem por si, seria razoável pensar que realizariam movimentos que lhes são próprios. Mas se observamos que não os realizam, é evidente que são incapazes de movimento próprio.

30 Seria, ademais, irracional a natureza não os ter dotado de nenhum órgão para o movimento, *pois a natureza nada produz por acaso*,[357] não sendo compreensível, com base nisso, que, enquanto cuida dos seres vivos, negligenciasse seres de tão elevado valor. Mas parece, ao contrário, como se ela os tivesse intencionalmente privado de todos os meios de progredirem por si mesmos, concebendo-os 35 maximamente distanciados das coisas que possuem órgãos de mo-
290b1 vimento. Portanto, é razoável pensar que tanto o céu inteiro quanto os astros individualmente são esféricos, considerando-se que a esfera é, de todas as formas, *a mais conveniente*[358] para o movimento sobre a própria superfície (de fato, é capaz de mover-se com máxima velocidade, bem como com máxima facilidade preservar a própria posi-
5 ção), sendo *a mais inconveniente*[359] para o movimento adiante, isto porque assemelha-se minimamente àquilo que se move por si; não possui partes independentes ou salientes, que é o caso de uma figura retilínea, sendo, além disso, de uma conformação inteiramente distinta de corpos que se movem progressivamente, isto é, para a frente. Assim, como o céu tem que se mover dentro da limitação de seu próprio movimento, e os astros não executam um movimento progres-
10 sivo, é razoável concluir que são esféricos, o que melhor estabelece para o primeiro o seu movimento, e para os segundos o seu repouso.

---

353. Ver nota 349.

354. ...σελήνης... (*selénes*).

355. ...πρόσωπον... (*prósopon*).

356. Ou: o que é sempre visível da lua é o que denominamos face (...τῆς δὲ σελήνης ἀεὶ δῆλόν ἐστι τὸ καλούμενον πρόσωπον. ... [*tês dè selénes aeì dêlon esti tò kaloýmenon prósopon.*]).

357. ...οὐθὲν γὰρ ὡς ἔτυχε ποιεῖ ἡ φύσις... (*oythèn gàr hos étykhe poieî he phýsis*).

358. ...χρησιμώτατον... (*khresimótaton*).

359. ...ἀχρηστότατον... (*akhrestótaton*).

9

EVIDENCIA-SE, COM BASE NISSO, que a teoria segundo a qual é o movimento deles[360] que produz harmonia, isto é, que os sons por eles produzidos são harmoniosos, a despeito de ter sido formula-
15 da engenhosa e singularmente, não é verdadeira.[361] Alguns pensadores julgam que tais corpos, devido à sua magnitude, produzem, mediante seu movimento, necessariamente um som, uma vez que mesmo corpos sobre este mundo, ainda que de magnitude e velocidade cinética muito inferiores, produzem-no. Não é concebível que o sol, a lua e os astros, tão numerosos e de tão expressiva mag-
20 nitude, todos se movendo a uma velocidade celeríssima, deixem de produzir um som de altura elevadíssima. Sustentando essa hipótese e agregando que as velocidades dos astros, estimadas com base em suas distâncias, estão nas *proporções das harmonias musicais*,[362] passam a afirmar que os astros, à medida que se movem em círculo, produzem um som harmonioso. E diante da situação irracional
25 criada pelo fato de nenhum de nós ouvir tal som, eles explicam que desde nosso nascimento esse som está aí, não dispondo, nessas circunstâncias, de nenhum silêncio que possibilitasse o contraste para sua manifestação; de fato, *som e silêncio*[363] são percebidos graças ao contraste. Segundo concluem, semelhantemente ao que ocorre com os caldeireiros, que há tanto tempo acostumados com o ruído à sua volta parecem ser a ele indiferentes, os seres humanos [no caso do som em pauta] tornaram-se a ele indiferentes.

30 Mas, como dissemos antes, por mais que tenha sido expressa com elegância e poesia, não é possível que essa teoria faça jus aos fatos. Não só pelo absurdo de nada ouvirmos que procuram explicar, ocorre igualmente a ausência de outros efeitos que nos afetariam que são distintos da percepção sensível. De fato, sons excessiva-

---

360. Ou seja, dos astros.

361. Aristóteles alude à teoria dos pitagóricos da harmonia (música) das esferas.

362. ...συμφωνιῶν λόγους... (*symphoniôn lógoys*).

363. ...φωνῆς καὶ σιγῆς... (*phonês kaì sigês*).

mente altos podem despedaçar *corpos inanimados*;[364] por exemplo, o ruído do trovão é capaz de fragmentar pedras, bem como os corpos mais resistentes. Considerando a enormidade dos corpos em movimento, na hipótese de haver proporção entre o ruído que nos atinge e a magnitude de tais corpos, esse ruído será necessariamente, ao nos atingir, muitas vezes superior ao do trovão, e sua força colossal e insuportável. É bastante compreensível nada ouvirmos, bem como deixarmos de perceber qualquer violência exercida sobre os corpos, quer dizer, inexiste ruído. A explicação, nesse caso, é óbvia e, a somar-se a isso, confirma a verdade de nossos argumentos. O que trouxe perplexidade aos pitagóricos, levando-os a sustentar a harmonia, no que tange [aos corpos] que se movem,[365] traz evidência para nossa concepção. Coisas que se acham, elas mesmas, em movimento geram *ruído e impacto*;[366] entretanto, o que está fixo ou contido em algo que se move – como se encontram as distintas partes de um navio – não é capaz de emitir qualquer som, como tampouco o poderia emitir o próprio navio, se ele se mover no rio. Todavia, apoiando-se no mesmo argumento, alguém poderia dizer que, se tivéssemos em mente um grande navio, seria absurdo conceber mastro e popa se movendo sem produzirem um grande ruído, ou que o próprio navio assim não se comportasse. Aquilo que se move no imóvel é que é responsável pela emissão do ruído. Se aquilo que se move o faz de maneira contínua relativamente ao objeto, não produzindo qualquer impacto, o ruído é impossível. Que se diga que se *os corpos*[367] se movessem numa massa difusa de ar ou fogo por todo o universo, que é como todos julgam que seja, o resultado seria necessariamente um ruído detentor de tal grandeza capaz de alcançar e destruir coisas. Se é evidente não ser isso o que ocorre, seus movimentos não podem de modo algum ter como origem algo animado ou uma força externa. Seria como se houvesse, por parte da natureza, a previsão das consequências, como se sendo

---

364. ...ἀψύχων σωμάτων... (*apsýkhon somáton*).

365. Ou melhor, a harmonia que é produzida pelo movimento dos astros.

366. ...ψόφον καὶ πληγήν... (*psóphon kaì plegén*).

367. ...τὰ σώματα... (*tà sómata*): Guthrie entende que são os corpos dos astros, enquanto Stocks entende que são os corpos celestes. A rigor, estão dizendo a mesma coisa.

124 | DO CÉU

o movimento distinto do que é, nenhuma coisa neste nosso mundo inferior pudesse ser o mesmo que é.

Com isso concluímos nossa demonstração de que os astros são esféricos e que não se movem por si mesmos.

10

30 QUANTO À SUA ORDEM, ao *movimento*[368] de cada um, movimentos que lhes são reciprocamente anteriores ou posteriores, e às suas distâncias entre si, podem ser considerados nas *especulações da astronomia*,[369] onde são suficientemente discutidos. Nessa discussão, é indicado que seus movimentos se mostrarem mais velozes ou mais lentos é um fator que depende de suas distâncias.
35 Daí supormos que *o movimento circular mais exterior do céu*[370] é
291b1 simples e o mais célere de todos, e o das outras esferas mais lento e composto (considerando-se que cada uma realiza seu próprio movimento circular contrariando o movimento do céu); assim, é razoável que [o astro] que se apresenta como o mais próximo do movimento circular simples e primário leve mais *tempo* para
5 percorrer sua própria órbita, enquanto [o astro] situado mais remotamente leva menos tempo; quanto aos outros, entre si, enquanto os mais próximos sempre levam mais tempo, os situados mais remotamente requerem menos tempo. O fato é que o

---

368. ...κινεῖται... (*kineîtai*) segundo o texto de Allan; Bekker registra ...κεῖται... (*keîtai*), posição. Guthrie acata Bekker e Stocks segue Allan. Embora tenhamos optado por Allan, o conceito *posição* é também perfeitamente cabível neste contexto discursivo de Aristóteles. Aliás, a semelhança morfológica das duas palavras parece indicar um típico problema de manuscrito que geralmente divide aqueles que estabelecm os textos.

369. ...τῶν περὶ ἀστρολογίαν θεωρείσθω, ... (*tôn perì astrologían theoreístho,*). Não sabemos exatamente a quais especulações o mestre do Liceu faz alusão e em quais tratados se encontram.

370. ...τὴν μὲν ἐσχάτην τοῦ οὐρανοῦ περιφοράν... (*tèn mèn eskháten toŷ oyranoŷ periphoràn*).

situado mais próximo experimenta a máxima oposição, o situado mais remotamente a mínima, isto por conta de seu distancia-
10 mento. Os intermediários sofrem uma influência que guarda proporção com suas distâncias, como demonstram os matemáticos.

11

A SUPOR-SE O MAIS RAZOÁVEL, a forma de cada astro é esférica. De fato, foi apresentada a demonstração de que eles naturalmente não possuem movimento próprio; contudo, *a natureza, nada produz nem irracional nem inútil*;[371] deve, evidentemente,
15 ter suprido as coisas imóveis de uma forma que pouco se ajusta ao movimento. É de se notar, nesse caso, que a forma que menos se ajusta ao movimento é a esférica, uma vez que a esfera carece de *instrumento motriz*.[372] Está claro, portanto, que a massa [dos astros] deve ser esférica.

Por outro lado, como é para um é igualmente para todos, e o testemunho de nossa visão demonstra que a lua é esférica. Se não fosse,
20 não apresentaria a configuração de crescente ou quase cheia durante a maior parte do processo em que cresce e mingua e se limitaria a um único momento como meia lua. Também pode-se demonstrá-lo astronomicamente, já que, segundo a astronomia, o sol, quando em eclipse, não se mostra na configuração de crescente. A esfericidade de um dos [astros] claramente determina aquela dos demais.

---

371. ...ἡ δὲ φύσις οὐδὲν ἀλόγως οὐδὲ μάτην ποιεῖ; ... (*he dè phýsis oydèn alógos oydè máten poieî;*). Segundo Aristóteles, a natureza (φύσις [*phýsis*]) visa necessariamente a um fim (τέλος [*télos*]); portanto, absolutamente nada na natureza é sem propósito e supérfluo.

372. ...ὄργανον πρὸς τὴν κίνησιν... (*órganon pròs tèn kínesin*). Obviamente o Estagirita não se refere aqui a todos os tipos de movimento (como, por exemplo, o rotativo e o rolante). Parece aludir à locomoção, ou seja, ao movimento que consiste em *deslocar-se* no espaço por meios próprios.

12

PODEMOS NOS VER AQUI diante de duas dificuldades que nos
25 deixam, com razão, em situação embaraçosa; isso exige de nós um
máximo empenho na busca de oferecer a elas a mais plausível resposta para sua superação, num zelo que consista, nós o estimamos,
mais propriamente de moderação do que de audácia por parte de
quem, impulsionado pela sede da filosofia, contenta-se com o pouco da *solução fácil*,[373] mesmo cercado por questões que envolvem
as maiores *dificuldades*.[374] Estas são muitas e, entre elas, uma das
mais espantosas é a dificuldade de indicar a causa de não serem [os
30 corpos] mais distantes *do movimento primário*[375] os que possuem
movimentos múltiplos, mas [os corpos] intermediários. De fato, se
supusermos que *o corpo primário*[376] é possuidor de um único movimento, será razoável imaginar que o corpo que lhe está mais próximo conte com o menor número de movimentos, digamos dois, ao
passo que o que apresenta maior proximidade deste último, três, ou
35 segundo algum arranjo semelhante. Ora, na realidade o que ocorre
é o contrário, *visto que o sol e a lua movem-se com menos movimentos*
292a1 *do que certos astros errantes*,[377] ainda que estes estejam situados mais
distantes do centro do que aqueles e mais próximos do corpo primário; isso foi claramente confirmado pela observação visual, como no
5 caso, por exemplo, da lua, a qual, então meio cheia, ficou próxima
do *planeta Marte*,[378] o qual desapareceu por trás do lado escuro dela,

---

373. ...εὐπορίας...(*eyporías*).

374. ...ἀπορίας... (*aporías*).

375. ...τῆς πρώτης φορᾶς... (*tês prótes phorâs*).

376. ...τοῦ πρώτου σώματος... (*toŷ prótoy sómatos*).

377. ...ἐλάττους γὰρ ἥλιος καὶ σελήνη κινοῦνται κινήσεις ἢ τῶν πλανωμένων ἄστρων
ἔνια... (*eláttoys gàr hélios kaì seléne kinoŷntai kinéseis è tôn planoméno ástron
énia*).

378. ...ἀστέρων τὸν Ἄρεος... (*astéron tòn Áreos*), literalmente *estrela de Ares*. Para
os gregos antigos, os astros (planetas, inclusive) eram muitas vezes nomeados
segundo os deuses (curioso notar, a propósito, que até filósofos como Platão
os consideravam *deuses*). Assim, Ares, um dos olímpicos, o deus da guerra,
dá o nome para Marte; Afrodite, a deusa da beleza feminina e do amor sexual,
para Vênus; Hermes, o deus da linguagem e de todas as formas de comunicação,

LIVRO II | 127

para depois reaparecer do seu lado claro e brilhante. A mesma coisa é relatada a respeito de *outros planetas*[379] por egípcios e babilônios, que observam os astros desde as épocas mais remotas e a quem devemos muitas informações fidedignas acerca de cada um deles.

10 Eis aí uma das dificuldades a ser, com justiça, suscitada. A outra é o porque de o movimento primário conter uma tal profusão de astros a ponto de fazer seu completo conjunto parecer *avesso ao cômputo*,[380] enquanto cada um dos demais movimentos envolve um só astro, o que nos leva a jamais observar dois ou mais presentes no mesmo movimento circular.

15 Objetivando a ampliação de nosso entendimento, valeria a pena realizar uma investigação arrojada em torno dessas questões, embora contemos com muito pouco que nos sirva de base, a se somar ao fato de nos encontrarmos extremamente distantes dos fenômenos

para Mercúrio; Cronos, o titã com o qual é encerrado o período pré-olímpico, para Saturno; e Zeus, o iniciador e líder do período olímpico, para Júpiter. Gaia (Γαῖα – γαῖα [*Gaîa – gaîa*], variação de γῆ [*gê*]) é a deusa-mãe pré-olímpica que dá nome, neste caso semanticamente, à Terra. As constelações também receberam nomes de personagens mitológicos, como Centauro (alusivo a Quíron, o velho e sábio centauro instrutor de Aquiles, Jasão e outros), Cassiopeia e Andrômeda (respectivamente rainha e princesa de Jopa, governada pelo rei etíope Cefeu) etc. A lua e o sol, como já sabemos, possuem nomes próprios: σελήνη (*seléne*) e ἥλιος (*hélios*). Em certos casos, entretanto, as constelações ou estrelas eram nomeadas segundo animais, como em ...κυῶν Ὠρίωνος... (*kyôn Oríonos*), literalmente *cão de Órion* (o grande caçador), em latim *Canis major*, para nós Sirius, ou a constelação do Cão. Outro exemplo é Ἀρκτοῦρος (*Arktoŷros*), palavra derivada de ἄρκτος (*árktos*), urso, ursa; Ἀρκτοῦρος (*Arktoŷros*) significa exatamente guardião da ursa e designa uma estrela da constelação do Boieiro – quanto à própria palavra Ἄρκτος (*Árktos*) designa a constelação que chamamos de Grande Ursa ou Ursa Maior (*Ursa major* para os romanos). No que toca aos planetas desconhecidos pelos antigos gregos, Urano, Netuno e Plutão (precisamente os mais distantes do sol), foram batizados nas línguas ocidentais modernas (incluindo a nossa) segundo bases distintas: Netuno, conforme a tendência dominante, seguiu a nomenclatura latina, mas Urano e Plutão voltaram à língua grega e aos deuses gregos: Οὐρανός (*Oyranós*), deus primordial e pré-olímpico que personifica e representa o céu, filho e amante de Gaia, e Πλούτων (*Ploýton*), deus olímpico senhor do *mundo subterrâneo dos mortos* (Ἅιδης [*Háides*] ou ᾅδης [*háides*]). Nesta nota, indicamos os termos gregos sempre no nominativo singular.

379. ...ἄλλους ἀστέρας... (*álloys astéras*), literalmente *outras estrelas*, mas Aristóteles continua se referindo ao que entendemos por planetas.

380. ...ἀναριθμήτων... (*anarithméton*).

128 | DO CÉU

cuja tentativa de investigação empreendemos. Contudo, se tomarmos como base para essa investigação o saber de que já dispomos, a dificuldade que se coloca diante de nós agora não se mostrará como algo irracional. O problema é que tendemos a conceber [os astros] *como se não passassem de corpos e unidades*,[381] dispostos numa certa ordem, mas completamente inanimados, quando devíamos imaginá-los como capazes de ação e vivos; se assim fizermos, não nos veremos mais diante de coisas que parecem *imprevistas*.[382] Parece que aquilo que se acha na sua melhor condição tem sua excelência sem a ação, enquanto naquilo que está o mais próximo possível da melhor condição a excelência é obtida mediante a presença mínima de uma ação única; no caso das coisas mais distanciadas da melhor condição requer-se mais [ações], como ocorre com um corpo que é saudável na ausência de qualquer exercício, ao passo que um outro, para ser saudável, necessitará de algumas caminhadas curtas; corrida, luta e *treinamento pesado*[383] serão necessários a um terceiro. Em contrapartida, um quarto corpo, a despeito de esforços extraordinários, não consegue alcançar esse bem,[384] mas somente algo diferente. A propósito, é difícil obter vitória em muitas ocasiões ou frequentemente. Por exemplo, é *impraticável o lance de Quios inúmeras vezes com os dados*,[385] ao passo que é fácil consegui-lo uma vez ou duas. Ou, encarando sob outro ângulo, se é necessário fazermos uma coisa com um determinado fim, uma outra com um outro determinado fim, e ainda uma terceira com um terceiro determinado fim, será fácil

---

381. ...ὡς περὶ σωμάτων αὐτῶν μόνον καὶ μονάδων... (*hos perì somáton aytôn mónon kaì monádon*).

382. ...παράλογον... (*parálogon*), aquilo que, pelo seu insólito, estranho, contraria a racionalidade.

383. ...κονίσεως... (*koníseos*). Mas o sentido não parece ser genérico, mas especificamente o treinamento que consistia em espojar-se na poeira para empreender a luta, que é o que pensa Simplício.

384. Ou seja, a condição saudável.

385. ...μυρίους ἀστραγάλους Χίους βαλεῖν ἀμήχανον, ... (*myríoys astragáloys Khíoys baleîn amékhanon,*). Μυρίους (*Myríoys*) significa literalmente dez mil (10.000). Ἀστραγάλους (*Astragáloys*) significa literalmente vértebra, e genericamente pequeno osso. Era com quatro desses ossinhos que os antigos gregos praticavam um jogo correspondente ao nosso jogo de dados. Quanto ao lance de Quios (referência à ilha e cidade de mesmo nome, situadas na costa da Jônia), trata-se do lance no qual se obtém seis pontos, ou seja, a melhor das pontuações.

LIVRO II | 129

conssegui-lo uma ou duas vezes, mas a dificuldade surgirá e aumen-
292b1 tará na medida do aumento das ações. Nessa linha de pensamento,
será o caso de supormos que *a ação dos astros*[386] seja do mesmo tipo
que aquela de animais e plantas. *Nesta região*[387] cabe ao ser humano
a multiplicidade de ações, o que é compreensível pelos diversos bens
de que ele dispõe para atingir, resultando em ações múltiplas e que
5 objetivam metas diferentes. O [ser] que goza da maior das excelên-
cias prescinde de qualquer ação, pois ele próprio é o fim (meta); a
ação exige sempre dois fatores: a presença de um fim e o meio para
atingir tal fim. As ações dos animais inferiores apresentam menor
variedade, enquanto as plantas estão restritas a uma ação muito modesta e provavelmente única; de fato, ou existe um único fim para
elas atingível – como com o ser humano[388] – ou, se existirem múl-
10 tiplos, todos servirão de caminho para atingir o fim mais excelente.
Para sintetizarmos, existe algo que é detentor e participante do que
é *o mais excelente;*[389] algo que, mediante alguns poucos estágios, o
alcança *imediatamente;*[390] algo que o alcança mediante muitos estágios; algo, ainda, que sequer empreende a tentativa de alcançá-lo,
satisfazendo-se com sua mera proximidade. Imaginemos, por exemplo, que a saúde seja o fim: neste caso acontece de [um ser vivo]
possuí-la sempre; outro terá que conquistá-la via emagrecimento,
enquanto outro, praticando a corrida e emagrecendo; um outro,
15 ainda, preparando-se com exercícios para a corrida, ampliando o número de seus movimentos; um outro [ser vivo] se limitará a correr e
perder peso, simplesmente incapaz de obter saúde, e uma ou outra
dessas coisas será para ele o fim. [Entretanto,] ter acesso ao fim supremo seria, verdadeiramente, o melhor para todos; mas, se não é o

---

386. ...τῶν ἄστρων πρᾶξιν... (*tôn ástron prâxin*). Não esqueçamos que para Aristóteles
os astros são atuantes e vivos.

387. ...ἐνταῦθα... (*entaŷtha*), ou seja, Aristóteles refere-se à superfície da Terra, inferior, em contraposição à abóbada celeste, superior.

388. ...ὥσπερ καὶ ἄνθρωπος... (*hósper kaì ánthropos*), observação aparentemente con-
traditória dentro do contexto.

389. ...τοῦ ἀρίστου... (*toŷ arístoy*), ou seja, o fim supremo.

390. ...εὐθύς... (*eythýs*) seguindo a conjectura de Allan e Stocks, incorporada por Guthrie. O manuscrito registra ἐγγὺς (*eggỳs*), proximamente, junto a, o que é mantido por Bekker. Ficamos com os primeiros, pois é o que transmite mais coerência
interna ao texto.

130 | DO CÉU

que ocorre, uma coisa ganhará em aprimoramento gradual quanto mais se aproximar do fim supremo. Isso explica o fato de a Terra não 20 se mover de modo algum, enquanto [os astros] próximos a ela o fazem mediante poucos movimentos. Estes não alcançam o extremo, apenas se aproximando na medida de suas capacidades, com o que obtêm somente uma parcela do *princípio mais divino*;[391] o *primeiro céu*,[392] e graças a um só movimento, o alcança imediatamente; [os astros] que ocupam uma posição mediana, ou seja, entre o primeiro céu e os extremos, com certeza o atingem, porém somente mediante múltiplos movimentos.

25 No que diz respeito à dificuldade representada pelo fato de que, apesar de ser ele único, aglomera-se no movimento primário uma profusão de astros, quando movimentos próprios caracterizam cada um dos outros astros, é possível conceber, primeiramente, algo capaz de suprir uma causa razoável para isso. Refletindo sobre 30 cada uma dessas vidas e princípios, é imperioso considerarmos que o [movimento] primário supera em muito os outros, o que se ajusta ao nosso argumento. Considere-se que o movimento primário único promove o movimento de muitos dos corpos divinos, enquanto os outros, que são múltiplos, limitam-se a promover o movimento 293a1 de apenas um corpo cada um deles, uma vez que todos os *errantes*[393] são movidos devido a uma multiplicidade de movimentos. Eis, portanto, como a natureza instaura um equilíbrio e produz certa ordem, atribuindo muitos corpos a um só movimento e muitos movimentos a um só corpo.

5 E há uma razão adicional para os demais movimentos comportarem um único corpo: os movimentos que antecedem ao último (aquele que encerra um único astro) movem múltiplos corpos; de fato, é acompanhando muitas outras esferas que a última executa seu movimento circular, e cada esfera é realmente um corpo. Assim, a operação da última está incluída numa operação comum. Cada uma possui um movimento que, por natureza, lhe é próprio

---

391. ...θειοτάτης ἀρχῆς... (*theiotátes arkhês*).

392. ...πρῶτος οὐρανὸς... (*prôtos oyranòs*). Ver nota 324.

393. ...πλανωμένων... (*planoménon*), ou seja, os planetas.

LIVRO II | 131

10 e particular, sendo esse a que nos referimos, por assim dizer, adicionado. Entretanto, o poder de qualquer corpo limitado somente atua sobre um corpo limitado.

Com isso damos como finalizado o assunto a respeito da substância, forma, movimento e ordem dos astros que se movem circularmente.

13

15 RESTA NOS REFERIRMOS À TERRA,[394] sobre o lugar que ocupa, se está em repouso ou em movimento e sobre sua forma.

No que tange à sua posição, nem todos partilham da mesma opinião. A maioria dos que sustentam que *todo o céu* (*universo*)[395] é
20 finito, afirma que ela se situa no centro dele, embora os itálicos, chamados de pitagóricos, afirmem o contrário, ou seja, que no centro [do universo] está o fogo e que a Terra, na sua condição de astro, à medida que realiza um curso circular em torno do centro, *gera a noite e o dia*.[396] Ademais, inventam uma outra Terra, a qual se posiciona em oposição à nossa, e que deles recebe o nome de *antiTerra*.[397]
25 Essa é sua postura, sem procurarem para os fenômenos explicações e causas, mas, pelo contrário, tentando forçar os fenômenos a se ajustarem a certas teorias e opiniões pitagóricas. São muitos, também, outros que consideram inadmissível colocar a Terra no centro; são pessoas que pretendem fundar suas convicções não nos fenômenos,

---

394. ...γῆς... (*gês*): o leitor deve ter sempre em mente que essa palavra designa neste contexto tanto o elemento quanto o planeta e as porções deste (terras), em contraposição ao mar. Outras acepções do termo não são contempladas aqui por Aristóteles. Embora reservemos em português a inicial maiúscula para o planeta (Terra), muitas vezes o sentido é inclusivo e acumulativo, ainda que empreguemos a inicial maiúscula; a inicial minúscula (terra) é usada quando nos referimos apenas ao elemento.

395. ...τὸν ὅλον οὐρανὸν... (*tòn hólon oyranòn*).

396. ...νύκτα τε καὶ ἡμέραν ποιεῖν. ... (*nýkta te kaì heméran poieîn.*).

397. ...ἀντίχθονα... (*antíkhthona*).

132 | DO CÉU

30 mas em teorias; seu pensamento é o de que o posto mais honroso cabe àquilo que é o mais valioso, que o fogo é mais valioso do que a Terra, e que o limite é mais valioso do que o intermediário; ora, extremo e o centro são limites. Concluem, com base nesse raciocínio, que o que se situa no centro da esfera é o fogo, não a Terra.

293b1 Ademais, segundo os pitagóricos, a parte mais importante do universo, isto é, o seu centro, deveria ser objeto de rigorosa guarda, chamando de *guarda de Zeus*[398] o fogo que ocupa essa região, como 5 se *centro*[399] tivesse um sentido absolutamente unívoco, e *o centro geométrico*[400] e o centro da coisa e da natureza fossem idênticos. Entretanto, é de se observar que no que toca aos animais, o seu centro não é idêntico ao centro do corpo, o que nos leva a supor que o mesmo, analogamente, se aplica a todo o céu (universo). Em razão disso, não é preciso que o universo constitua um transtorno para 10 eles, nem que incorporem uma guarda para o seu *centro*;[401] o que devem examinar é qual é a natureza do *centro*[402] e qual o seu lugar. De fato, é esse centro que mereceria ser objeto de alta estima na qualidade de um princípio; quanto ao centro local, parece mais um fim do que um princípio; com efeito, o centro é o que é delimitado, enquanto é o limite que o delimita. O que contém ou o que limita tem mais valor do que o contido ou limitado, visto que este é maté- 15 ria, ao passo que aquele é a substância do arranjo constituído.

Quanto ao lugar ocupado pela Terra, temos aí, portanto, a opinião de alguns; suas opiniões se mantêm as mesmas no que se refere ao seu repouso ou movimento. Aqui também não há unanimidade de pensamento. Aqueles que não admitem que seu lugar é no centro 20 julgam que, juntamente com a antiTerra, como já indicamos anteriormente, efetua um movimento circular em torno do centro. Não faltam, inclusive, aqueles que opinam que muitos corpos se movem em torno do centro, invisíveis para nós devido à obstrução da Terra.

---

398. ...Διὸς φυλακὴν... (*Diòs phylakèn*).

399. ...μέσον... (*méson*).

400. ...τοῦ μεγέθους μέσον... (*toŷ megéthoys méson*), o centro no que se refere a grandeza.

401. ...κέντρον... (*kéntron*).

402. ...μέσον... (*méson*).

LIVRO II | 133

Isso constitui a razão, segundo eles, da maior frequência dos eclipses da lua comparativamente aos do sol que, além de sofrer a obstrução da Terra, também experimenta a de cada um desses [corpos] 25 em movimento. Considerando que a Terra não é, a rigor, de modo algum o centro, estando dele a uma distância correspondente ao seu próprio hemisfério inteiro, não veem problema algum em conceber os fenômenos como idênticos, ainda que nossa habitação não seja no centro, como o fariam se a Terra estivesse efetivamente no centro. De fato, mesmo estando as coisas como estão atualmente, não temos nenhuma indicação de que estamos distantes do centro 30 *em meio diâmetro.*[403] Há, ainda, alguns que afirmam que, embora a posição dela seja no centro, ela {*gira ou oscila*[404]} **e se move**[405] *ao redor do eixo estendido ao longo do universo,*[406] como está registrado no *Timeu.*[407]

Ocorre uma certa semelhança em matéria de desacordo no que diz respeito à sua forma. Há os que pensam que é esférica, enquanto 294a1 outros são da opinião de que é chata, tendo a forma de um tambor. Estes apresentam como evidência a respaldar o que afirmam o fato

---

403. Ou seja, a uma distância equivalente à metade do diâmetro da Terra.

404. ...ῖλλεσθαι... (*illesthai*). Preferimos traduzir o verbo εἴλω (*eílo*) desta forma alternativa porque seu significado aqui não é o simples e genérico de *girar*.

405. ...καὶ κινεῖσθα... (*kaì kineîstha*): não consta no texto de Bekker; consta em Guthrie e Allan, mas o primeiro traduz a conjunção καί (*kaí*) como cláusula explicativa ("isto é"), enquanto Stocks, traduzindo Allan, a traduz como introdutora de uma oração conclusiva. Essas duas traduções, embora formalmente diferentes, sugerem que Aristóteles está se referindo a um único movimento da Terra (aquele ao redor do eixo do universo, ou seja, a revolução), quando, se entendermos que o καί (*kaí*) introduz uma oração aditiva, que é como traduzimos (em negrito) pressupondo o que traduzimos restritivamente (entre chaves), a redação do mestre do Liceu implicaria também no movimento de rotação ou em pêndulo da Terra. Mas uma coisa é a redação de Aristóteles aqui, outra a redação de Platão no trecho do *Timeu* ao qual o primeiro nos remete. Daí nossa tradução com reservas. Evidentemente, se recorrêssemos ao trecho de Platão (40b-c.) para dirimir essa questão, veríamos que se trata de um só movimento (revolução) e nos alinharíamos ao lado dos ilustres helenistas mencionados, na verdade, de preferência ao lado de Bekker, que simplesmente omitiu essas duas palavras. Esse período de Aristóteles, a propósito, ensejou e continua ensejando muita polêmica entre os eruditos.

406. ...περὶ τὸν διὰ παντὸς τεταμένον πόλον, ... (*perì tòn dià pantòs tetaménon pólon,*).

407. Platão, *Timeu*, 40b-c.

134 | DO CÉU

de surgir, por ocasião do poente e nascente do sol, uma linha reta e não curva no ponto em que a visão do sol é ocultada pela Terra; daí se permitem concluir que, se a Terra fosse esférica, essa linha secante seria curva. O problema é que omitem em suas considerações a
5 distância que separa o sol da Terra e a grande dimensão de sua circunferência; a parte desta observada, cortando esses círculos aparentemente pequenos, parece reta. Concluímos que essa *ilusão óptica*[408] de modo algum pode permitir-lhes duvidarem que a Terra é esférica. Mas seu argumento é revigorado quando afirmam que o repouso da
10 Terra exige necessariamente que possua outra forma, não a esférica.

Muitas foram, incontestavelmente, as concepções propostas acerca de seu movimento e repouso. Isso encerra uma dificuldade que necessariamente atinge a todos. Apenas uma mente negligente com certeza deixaria de mergulhar no pasmo ante a observação do movimento de uma mera partícula de terra que, suspensa e solta,
15 move-se e não se conserva estacionária, a velocidade de seu movimento aumentando quanto maior for ela, e a ideia de que a Terra inteira, suspensa e solta, absolutamente não se movesse. Ora, com todo seu peso, está em repouso. Por outro lado, fosse a Terra retirada do curso de suas partículas antes que se produzisse a queda delas, tais partículas executariam um curso desdendente, desde que nada lhes servisse de obstáculo.

Não é de se surpreender, assim, que essa dificuldade tenha se
20 convertido naturalmente num objeto da filosofia. Mas, quanto às soluções apresentadas, tem-se a curiosidade de perguntar se não se mostram mais despropositadas do que a própria dificuldade. Na verdade, essa conjuntura levou alguns a asseverar, em relação à Terra, que ela se estende de maneira infinita no sentido descendente {como nas palavras de Xenófanes de Colofon,[409] que é "infinita em suas raízes"},[410] isso visando a poupá-los do trabalho de investigar
25 a causa. Empédocles, reprovando essa postura, manifestou-se nos seguintes termos:

---

408. ...φαντασίαν... (*phantasían*), aparição, imagem fantasiosa.

409. Poeta e filósofo pré-socrático do século VI a.C.

410. { } Mantido por Bekker e Guthrie, mas excluído por Allan. Stocks, entretanto, o inclui entre colchetes. Trata-se do fragmento 28 de Diels-Kranz.

LIVRO II | 135

Se infinitas as profundezas da Terra, e infinito o vasto éter – tal o
discurso tolo que fluiu das línguas de muitos e despejado de suas bocas,
deles que pouco perceberam do Todo.[411]

Outros sustentam que repousa sobre a água. Trata-se da mais
antiga *explicação*[412] herdada por nós, e dizem ser de Tales de Mile-
30 to;[413] seu entendimento é o de que a Terra mantém-se em repouso em razão de sua capacidade de flutuar como a madeira e outras
coisas semelhantes (a constituição dessas coisas seria tal que embora nenhuma delas possa repousar sobre o ar, fazem-no sobre a
água), como se não fosse possível disponibilizar idêntica explicação
no tocante à água servindo de sustentação à Terra, segundo o que
foi dito da própria Terra; permanecer *suspensa*[414] não faz parte da
294b1 natureza nem da água nem tampouco da Terra, que repousa sobre
alguma coisa. Ademais, tal como o ar é mais leve do que a água,
esta é mais leve do que a Terra. Como conceber a possibilidade
de o [corpo] mais leve permanecer abaixo daquele que é naturalmente mais pesado? Por outro lado, supondo que a Terra, como
um todo, conserva-se naturalmente sobre a água, é evidente que o
mesmo deve ocorrer em relação a cada parte dela. Ora, claramente
5 não é o que a realidade indica, uma vez que qualquer parte que
dela tomamos ao acaso vai até o fundo, e quanto maior, maior é a
sua velocidade. O que parece é que eles, ante a dificuldade, levaram
sua investigação somente até um certo ponto e não tanto quanto o
poderiam ter feito. É comum entre todos nós esse costume de, ao
conduzir nossa investigação, ter em vista não seu objeto, mas sim
o discurso de nossos opositores; mesmo quando alguém investiga no âmbito de sua própria reflexão, ele limita sua investigação,
10 detendo-se no ponto em que nada encontra que sirva para objetar
seus próprios argumentos. A conclusão é que aquele que conduz
bem sua investigação é quem está preparado para apresentar as objeções características do gênero de seu objeto de estudo, sendo esse
preparo constituído pelo exame de todas as suas diferenças.

---

411. Fragmento 39, Diels-Kranz.

412. ...λόγον... (*lógon*).

413. Poeta e filósofo da natureza pré-socrático (século VI a.C.), fundador da escola de
Mileto.

414. ...μετέωρον... (*metéoron*).

136 | DO CÉU

Anaxímenes,[415] Anaxágoras e Demócrito julgam que a causa
15 de sua imobilidade[416] é ser plana; ela não corta o ar abaixo dela,
cobrindo-o, sim, como uma tampa, tal como parece que fazem todos os corpos planos; é de se notar que, por conta da resistência que
opõem, não se deixam mover facilmente nem mesmo pelo vento.
Dizem que a Terra, devido ao seu achatamento, tem um comportamento idêntico relativamente ao ar subjacente, o qual, não dispondo
20 de espaço suficiente para se deslocar, é submetido à compressão,
como água dentro dos relógios de água.[417] E visando a demonstrar
que o ar, uma vez interceptado e imobilizado, é capaz de suportar
um grande peso, eles apresentam muitas evidências. Para começar,
se a Terra não é plana, não se pode apontar como causa de seu re-
25 pouso ser plana. Na verdade, a causa de seu repouso não é, segundo
suas explicações, seu achatamento, mas seu tamanho. O ar, por estar sob compressão e devido à ausência de qualquer passagem para
o exterior, fica confinado, imobilizado, tal a sua grande quantidade;
e essa grande quantidade é devida, por sua vez, ao fato de a Terra,
que intercepta esse ar, ser muito grande. Essas condições seriam
idênticas mesmo que a Terra fosse esférica, desde que mantivesse
30 seu tamanho. De qualquer modo, conforme o argumento deles, ela
estará em repouso.

Entretanto, em termos gerais, pois não nos atemos a pormeno-
res, nossa controvérsia com os defensores dessa concepção do movimento não é a respeito de partes, mas *a respeito de um certo todo
e do universo*.[418] É preciso decidir já de início se os corpos possuem
um movimento natural ou, se não são dotados deste último, seu

---

415. Anaxímenes de Mileto (século VI a.C.), filósofo da natureza pré-socrático, discípulo de Anaximandro.

416. Ou seja, da Terra.

417. ...ὥσπερ τὸ ἐν ταῖς κλεψύδραις ὕδωρ. ... (*hósper tò en taîs klepsýdrais hýdor.*). Relógios de água ou clepsidras eram instrumentos para medição do tempo constituídos por dois recipientes sobrepostos e um tubo dotado de muitos pequenos furos;
funcionavam com base na lenta passagem (esvaziamento) da água do recipiente
superior para o inferior graças mecanicamente ao tubo multiplamente perfurado e
à ação da gravidade. Seu uso fundamental era para a marcação do tempo concedi-
do aos oradores para proferirem seus discursos.

418. ...περὶ ὅλου τινὸς καὶ παντός. ... (*perì hóloy tinòs kaì pantós.*).

LIVRO II | 137

295a1 movimento é transmitido por uma força [externa]. Visto já termos assumido nossas posições sobre esses pontos na medida de nossa capacidade, estamos facultados a utilizar esses nossos resultados como dados. Se supormos que [corpos] não possuem movimento natural, tampouco possuirão um movimento que lhes seja imposto. E se não houver movimento natural nem movimento imposto, não
5 haverá movimento algum. Já decidimos sobre o caráter necessário dessa conclusão. A se somar ao que acabamos de dizer, tampouco poderia existir repouso, visto ser o repouso, igualmente, como o movimento, natural ou imposto. Mas, na hipótese da existência de algum movimento natural, o movimento e o repouso impostos pela força não serão os únicos movimentos existentes. Se, nesse caso, é graças a uma força imposta que a posição da Terra é manti-
10 da, foi devido à ação de um *vórtice*[419] que ela alcançou o centro. (Eis aí a causa, segundo unanimidade, raciocinando-se com base no que se observa no que ocorre nos líquidos e no ar, meio em que coisas maiores e mais pesadas movem-se invariavelmente para o centro de um vórtice.) Daí todos aqueles que sustentam o vir a ser do mundo
15 afirmarem que a Terra realizou um curso centrípeto. Partem então para a busca da razão de sua permanência ali; alguns, conforme dissemos, pretendem que a causa disso é o seu *achatamento e tamanho*;[420] outros, fazendo coro com Empédocles, sustentam que o que impede o movimento da Terra é a velocidade giratória elevadíssima do movimento celeste, tal como a água numa taça, sempre que lhe é
20 transmitido um movimento circular – ainda que o seja geralmente sob o bronze – tem, por essa mesma razão, seu movimento natural, ou seja, o descendente, impedido. Entretanto, se nem o vórtice nem seu achatamento barrassem seu movimento descendente, e o ar fosse removido de baixo, não oferecendo mais resistência, qual seria sua destinação? Seu movimento para o centro ocorreu, de fato, por força imposta, e ela permanece no centro em repou-
25 so por força imposta. Mas é imperioso que seja dotada de algum movimento natural. Nesse caso, é ele ascendente, descendente ou qual é sua direção? É imperioso que possua um movimento e que,

---

419. ...δίνησιν... (*dínesin*).
420. ...πλάτος καὶ τὸ μέγεθος... (*plátos kaì tò mégethos*).

138 | DO CÉU

se o descendente e ascendente lhe são afins, o ar acima dela não barrando seu movimento ascendente, tampouco o ar abaixo dela lhe barrará o movimento descendente; de fato, causas idênticas produzem necessariamente efeitos idênticos sobre coisas idênticas.

30 Uma outra objeção pode ser dirigida a Empédocles. Quando os elementos foram dissociados pela *discórdia*,[421] qual foi a causa da permanência da Terra em repouso? Não lhe é possibilitado, nesse momento, recorrer ao vórtice como sendo a causa.

É, inclusive, um despropósito omitir a seguinte questão, a saber: se antes foi o vórtice que associou as partes da Terra no centro, 35 por que agora todas as coisas que possuem peso movem-se rumo à Terra? Decerto o vórtice não se aproxima de nós. E qual a causa 295b1 do movimento ascendente do fogo? Certamente essa causa não é o vórtice. Bem, se ocorre o movimento natural do fogo numa certa direção, é claro que algo idêntico vale para a Terra. Ademais, não é fato que o vórtice determina o pesado e o leve; pelo contrário, 5 as coisas pesadas e leves antecedem, de modo que o seu direcionamento para o centro ou para a superfície só é produzido posteriormente pelo movimento. A existência do pesado e do leve, portanto, precedeu o surgimento (vir a ser) do vórtice. Mas qual era o fundamento da distinção entre eles e o modo e direção de seus movimentos naturais? *No infinito, com efeito, é impossível existir para cima ou para baixo*,[422] embora sejam o para cima e o para baixo que distinguem o pesado e o leve.

10 São essas as causas que *ocupam o tempo* [*dos filósofos*][423] na sua maioria. Contudo, há alguns *como, entre os antigos, Anaximan-*

---

421. ...νείκους... (*neíkoys*).

422. ...ἀπείρου γὰρ ὄντος ἀδύνατον εἶναι ἄνω ἢ κάτω, ... (*apeíroy gàr óntos adýnaton eînai áno è káto,*).

423. ...διατρίβουσιν... (*diatríboysin*). O verbo διατρίβω (*diatríbo*), em consonância com o substantivo διατριβή (*diatribé*), nominativo singular, tem vários significados, desde o literal de friccionar e desgastar por meio do atrito, também pulverizar (ação física), daí, por extensão, dividir, produzir discórdia (ação moral) e perder, destruir – até o genérico de passar o tempo (seja no entretenimento, como o jogo, seja no trabalho, seja no ócio). O sentido aqui, entre outras acepções restritas, é o específico de despender o tempo conversando filosoficamente de maneira produtiva. Note o leitor que alguns desses sentidos são não só distintos como, inclusive, contrários.

LIVRO II | 139

dro,[424] que apontam que seu repouso se deve à sua *neutralidade*.[425] Não é apropriado àquilo que está situado no centro e que tem relações *em igualdade*[426] com os extremos executar um movimento 15 em uma única direção, quer para cima, quer para baixo, ou lateralmente; o resultado de sua impossibilidade de realizar movimentos ao mesmo tempo em direções contrárias é permanecer necessariamente em repouso. Trata-se de argumentação engenhosa, porém *falsa*,[427] uma vez que, de acordo essa argumentação, seja o que for que estiver posicionado no centro aí se fixa necessariamente, inclusive o fogo. Com efeito, essa propriedade não é característica da 20 Terra e, ademais, não há nenhuma necessidade dela, uma vez que é aparente o fato de a Terra não só estar em repouso posicionada no centro, como mover-se centripetamente. (De fato, a destinação de qualquer uma de suas partes é necessariamente a mesma dela como um todo). E sua destinação conforme o seu movimento natural é também natural, de modo que nela encontra seu repouso. Assim, a coisa não se explica pelas relações *em igualdade*[428] com os extremos, 25 o que poderia ser comum a todos [os elementos], enquanto o movimento centrípeto é característico da Terra.

Também indagar a razão de a Terra permanecer no centro e não fazê-lo quanto à razão de o fogo permanecer no extremo é absurdo. Se o extremo constitui o lugar natural do fogo, está claro que é necessário que a Terra também possua um lugar que lhe seja natural.

---

424. ...ὥσπερ τῶν ἀρχαίων Ἀναξίμανδρος... (*hósper tôn arkhaíon Anaxímandros*). Anaximandro de Mileto (século VI a.C.), discípulo de Tales, filósofo da natureza pré-socrático.

425. ...ὁμοιότητά... (*homoiótetá*): esta palavra, que significa semelhança, similitude e mesmo igualdade, em paridade com o adjetivo ὅμοιος (*hómoios*) e o advérbio ὁμοίως (*homoíos*), parece completamente deslocada aqui. Guthrie é da opinião de que o próprio contexto evidencia o *significado de* ὁμοιότητά (*homoiótetá*). Ainda assim a dificuldade de tradução para as línguas modernas persiste numa boa medida. Guthrie, Burnet e Stocks traduzem pelo termo inglês de origem latina *indifference*, enquanto outro eminente helenista, Paul Moraux, traduzindo seu texto, escreve "...*équilibre par indifférence*". Em português preferimos *neutralidade*, que nos parece melhor se ajustar ao contexto.

426. ...ὁμοίως... (*homoíos*), ou seja, relações de neutralidade.

427. ...οὐκ ἀληθῶς... (*oyk alethôs*), literal e analiticamente *não verdadeira*.

428. Ver notas 425 e 426.

140 | DO CÉU

Se este lugar não é o que lhe é próprio,[429] sendo a sua permanência
30 aí causada pela necessidade daquela neutralidade (como se diz acerca do cabelo que, a despeito da forte tensão que lhe é aplicada, não
sofre ruptura se a tensão é distribuída *por igual*;[430] ou do indivíduo
que, embora intensamente faminto e sedento, sendo igual (neutra)
a intensidade, e estando ele equidistante dos alimentos e das bebi-
das, é necessariamente mantido onde está), seria então de se esperar
35 que indagassem a causa da presença do fogo nos extremos.

296a1 É também de se surpreender que investiguem o repouso dessas
coisas, mas não investiguem acerca de seu movimento – ou seja,
por que, na ausência de qualquer interferência, uma dessas coisas
realiza um movimento ascendente, enquanto uma outra realiza um
movimento centrípeto.

Ademais, o que dizem não é verdadeiro. Acontece de o ser inci-
5 dentalmente no sentido de que tudo aquilo que não tenha este ou
aquele movimento que o oriente numa ou outra direção particular,
permanece necessariamente no centro. Entretanto, na medida do
que pretende o argumento deles, nada obriga que [um corpo] ali per-
maneça, podendo ele mover-se – isto, todavia, não como um todo,
mas fragmentando-se. O fogo, com efeito, enquadra-se em idêntico
raciocínio. Quando posicionado no centro, o fogo experimenta tan-
10 ta necessidade de nele permanecer quanto a Terra, porquanto manterá uma relação em igualdade (neutra) com este ou aquele ponto
nos extremos. Contudo, é fato aparente o seu deslocamento do centro, na ausência de impedimento, bem como o seu movimento para
o extremo, com a ressalva de que seu movimento não será o de uma
massa única rumo a um só ponto (a única consequência que se impõe *no âmbito do argumento da neutralidade*[431]), mas o de cada parte
15 correspondente rumo à parte correspondente do extremo. Quero
dizer, por exemplo, que um quarto dele buscará um quarto da circunferência, o que é determinado pelo fato de que nenhum corpo é

---

429. Ou seja, o centro em que permanece em repouso.

430. ...ὁμοίως... (*homoíos*), de maneira neutra.

431. ...ἐκ τοῦ λόγου τοῦ περὶ τῆς ὁμοιότητος... (*ek toŷ lógoy toŷ perì tês homoiótetos*).

LIVRO II | 141

um ponto.[432] Tal como observamos um corpo contrair-se, no processo de condensação, de um lugar maior para um menor, observamos um corpo permutar um lugar menor por um maior no processo de rarefação. Assim, na medida do alcance do argumento da neutralida-
20 de, entende-se que a Terra também seria capaz de realizar essa modalidade de movimento a partir do centro, a não ser que o centro haja sido o lugar que lhe é natural.

Damos como completo o delineamento das concepções sustentadas acerca da sua[433] forma, lugar, repouso e movimento.

14

VERIFIQUEMOS, A TÍTULO DE PRIMEIRA TAREFA, se ela está em
25 movimento ou em repouso. Conforme já afirmamos, alguns fazem dela um dos astros, enquanto outros a colocam no centro [do universo] a oscilar e mover-se em torno de seu eixo mediano.[434] A impossibilidade dessas concepções se patenteará uma vez que partamos do princípio de que o movimento dela, não importa a posição que ocupe – seja no centro ou dele distante – é necessariamente um movimento imposto. Não é um movimento da própria Terra; se as-
30 sim fosse, cada uma de suas partes seria detentora de idêntico movimento, quando na realidade o movimento delas é invariavelmente centrípeto em linha reta. Ora, sendo o movimento dela imposto e não natural, não pode ser eterno. Contudo, *a ordem do mundo*
35 *é eterna.*[435] Ademais, a observação nos indica que todas as coisas
296b1 dotadas de movimento circular ficam para trás e são movidas por mais de um movimento, a excetuar a primeira esfera; consequente-

---

432. Ou seja, o corpo é divisível, enquanto o ponto é indivisível.

433. Ou seja, da Terra.

434. Ver 293b30 e notas 404 e 405 pertinentes. Note-se que, embora a problema linguístico seja o mesmo, o teor da afirmação de Aristóteles não é exatamente o mesmo.

435. ...τοῦ κόσμου τάξις ἀΐδιος ἐστιν. ... (*toŷ kósmoy táxis aḯdios estin.*). Entenda-se aqui mundo (κόσμος [*kósmos*]) como *universo* e não como *este* mundo, ou seja, a Terra.

142 | DO CÉU

mente, a Terra, indiferentemente de se mover ao redor do centro ou estar nele posicionada, tem necessariamente dois movimentos locais. Entretanto, se assim fosse, ocorreriam necessariamente trânsitos e voltas dos *astros*[436] fixos, o que não é atestado por nossa observação. Os mesmos têm sempre seu nascente e seu poente nos mesmos pontos da Terra.

Que se acresça que seu movimento natural[437] – de suas partes e como um todo – *é na direção do centro do universo*,[438] daí sua posição agora efetivamente no centro. Visto que há coincidência do centro de ambos, poder-se-ia indagar em que condição o movimento segundo a natureza das partes da Terra e dos [corpos] pesados dirige-se a ele, ou seja, na qualidade de centro do universo ou naquela de centro da Terra. Necessariamente é rumo ao centro do universo, a julgar pelo fato de que os [corpos] leves e o fogo, que se movem em oposição aos [corpos] pesados, dirigem-se para o extremo da região circundante do centro. Acontece, porém, de um mesmo centro ser da Terra e do universo; de fato, os [corpos] pesados realmente dirigem-se também para o centro da Terra, ainda que incidentalmente, considerando-se que ela possui seu centro no centro do universo. O fato de se dirigirem também rumo ao centro da Terra é indicado pelo fato de os [corpos] pesados que têm a Terra como direção não executarem seu movimento de maneira paralela, mas compondo os mesmos ângulos com ela. A conclusão é que se dirigem a um centro comum, que é, inclusive, o da Terra. Daí ficar claro que a posição da Terra é necessariamente no centro e imóvel. A favor disso atestam não só as razões já apresentadas, como inclusive o fato de que os [corpos] leves, na hipótese de serem arremessados mediante força para cima numa linha reta, descem de volta ao seu ponto de partida, mesmo que a força arremessadora os projetasse infinitamente longe.

Com base no que dissemos ficam evidentes tanto a imobilidade quanto a não excentricidade dela.[439] Ademais, a razão de sua imo-

---

436. ...ἄστρων... (*ástron*), mas leia-se estrelas.

437. Ou seja, o movimento natural da Terra.

438. ...ἐπὶ τὸ μέσον τοῦ παντός ἐστιν... (*epì tò méson toŷ pantós estin*).

439. Quer dizer, que a Terra não se move e está situada no centro do universo.

LIVRO II | 143

bilidade, a propósito, é estabelecida com clareza em nossa discussão. Se é próprio de sua natureza mover-se centripetamente a partir de todos os lados, como se observa, enquanto é próprio daquela
30 do fogo mover-se centrifugamente rumo ao extremo, é impossível para qualquer parte da Terra mover-se centrifugamente, salvo se isso lhe for imposto; de fato, corresponde a um corpo único um movimento único, bem como corresponde a um corpo simples um movimento simples, não havendo duplicidade cinética, ou seja, dois movimentos em oposição; ora, o movimento centrífugo é o oposto do centrípeto.[440] Se nenhuma das partes da Terra é capaz de se mover centrifugamente, é evidente que o seu todo se capacita menos ainda a fazê-lo, visto que é próprio da natureza
35 do todo situar-se no lugar natural de destinação da parte. Se é in-
297a1 capaz de se mover, carecendo de uma força superior à própria, se conservará necessariamente no centro. [Essa opinião] é inclusive corroborada pelos *matemáticos que discursam sobre astronomia*,[441] *pois os fenômenos*[442] – as alterações das configurações responsáveis
5 pela determinação da ordem dos astros – ajustam-se à hipótese de que a Terra permanece no centro. Com isso abordamos o suficiente sobre sua posição, repouso e movimento.

Ela possui necessariamente forma esférica, pois cada uma de suas partes detém peso até atingir o centro; o resultado é que sem-
10 pre que uma parte menor sofre pressão de uma maior, *não é produzida uma crista*;[443] pelo contrário, além de ocorrer a compressão, as partes realizam uma permuta até alcançar o centro. Pode-se compreender o que dizemos imaginando-se sua geração (vir a ser) como

---

440. O primeiro se distancia do centro, enquanto o segundo se dirige ao centro, em franca oposição.

441. ...μαθηματικῶν λεγόμενα περὶ τὴν ἀστρολογίαν... (*mathematikôn legómena perì tèn astrologían*). A astronomia é uma das matemáticas.

442. ...τὰ γὰρ φαινόμενα... (*tà gàr phainómena*), isto é, os fatos observados. Φαινόμενος (*Phainómenos*) é genericamente aquilo que se revela, que se mostra, que se faz visível, que se manifesta, que (a)parece. O sentido empregado aqui e alhures em *Do Céu* é o daquilo que se mostra empiricamente mediante nossos sentidos, sobretudo o da visão.

443. ...οὐχ οἷόν τε κυμαίνειν... (*oykh hoîón te kymaínein*): Aristóteles parece fazer uma analogia com a crista produzida pelas vagas no mar.

144 | DO CÉU

a conceberam certos *filósofos da natureza*,[444] com a ressalva de que eles fazem da força imposta a causa do movimento descendente. É
15 preferível recorrer à verdade e dizer que esse movimento pode ser explicado com base nas coisas pesadas, as quais são propensas naturalmente a se mover centripetamente. Quando a mistura era somente em potência, as [partículas] que eram separadas se moviam de todos os lados igualmente em direção ao centro. O resultado
20 será o mesmo, independentemente de as partes terem sido distribuídas uniformemente ou não nos extremos dos quais convergiram centripetamente. Bem, está claro que se elas se movem a partir de todos os extremos rumo a um centro único, a massa produzida é necessariamente semelhante em todos os lados, na medida em que se ocorrer a adição para todos os lados de uma igual quantidade, o
25 extremo da massa obtida será equidistante do centro, ou seja, tal *forma*[445] será a de uma esfera. Contudo, não haverá prejuízo para o argumento, mesmo que as partes da Terra não hajam se movido, partindo de todos os pontos, de maneira regular e centrípeta. De fato, ante uma massa menor, a maior necessariamente impulsiona a primeira, uma vez que ambas tendem a alcançar o centro, persistindo até esse ponto o impulso da que possui menos peso, impulso
30 este produzido pela mais pesada que atua sobre a primeira.

444. ...φυσιολόγων... (*physiológon*). Esta expressão designa a maioria dos filósofos pré-socráticos. Indica fundamentalmente os pensadores helênicos (sobretudo dos séculos VI e V a.C.) que buscavam na natureza (φύσις [*phýsis*]) um corpo ou elemento que fosse o primeiro do qual todas as coisas múltiplas que constituem o mundo derivavam. A investigação filosófica nesses termos se resumia numa forma incipiente de "física". Alguns nomes importantes entre os filósofos da natureza são Tales, Anaximandro, Anaxímenes, Empédocles, Heráclito, Anaxágoras, Leucipo e Demócrito. Com Parmênides, o objeto da filosofia assume a metafísica (ontologia). Mas é com Sócrates (469-399 a.C.) que o eixo da filosofia muda radicalmente, dando espaço para a ética e colocando o ser humano (*anthropos*) no centro da especulação filosófica. Estoicos, céticos, cínicos e sofistas também contribuirão para a expansão do espectro filosófico. Platão (?427-?347 a.C.), discípulo de Sócrates, enriquecerá, sobremaneira, a filosofia, desenvolvendo a teoria do conhecimento (epistemologia), já iniciada por seu mestre, bem como trazendo para o diálogo filosófico a dialética, a psicologia, a política, o direito etc. Finalmente, surge Aristóteles (384-322 a.C.), que não só incluirá novas disciplinas ao leque da filosofia, como também sistematizará todo o conhecimento do seu tempo (que era então chamado pura e simplesmente de filosofia).

445. ...σχῆμα... (*skhêma*), figura, configuração.

LIVRO II | 145

Essas mesmas considerações poderiam fornecer a superação de uma outra eventual dificuldade. Estando a Terra no centro e sendo sua forma a esférica, se um de seus hemisférios recebesse como acréscimo um peso correspondente a muitas vezes o seu próprio, *deixaria de existir coincidência entre o centro do todo e o da Terra*.[446] A conclusão é que ou ela não permaneceria no centro, *ou*, se fosse o caso de permanecer, poderia, mesmo como está {*atualmente*},[447] estar em repouso, ainda que não ocupando o centro, [mas para] onde é dirigida por seu movimento natural. Nisso consiste a dificuldade. Se, no entanto, nos empenharmos um pouco, não será difícil compreender e definir o modo no qual julgamos que qualquer grandeza dotada de peso executa o movimento centrípeto. É evidente que não bastará para isso estabelecer contato com o centro pela sua extremidade, considerando-se que a parte maior exerce seu domínio enquanto seu próprio centro preenche o centro, a extensão de seu impulso alcançando esse ponto. É indiferente se o dizemos *acerca de um torrão, de uma parte fortuita ou acerca de toda a Terra*,[448] pois o fato aqui referido não é explicado em função de pequenez ou grandeza, mas diz respeito a tudo que experimenta um impulso centrípeto. Assim, quer tenha sido seu movimento como um todo, ou como partes, ele foi mantido necessariamente até ocupar o centro igualmente em todos os pontos, as partes menores sendo compensadas pelas maiores por força da pressão de seu impulso.

Se ela[449] foi gerada,[450] sua gênese ocorreu necessariamente dessa maneira, o que evidencia a forma esférica na sua própria formação; se é não gerada, *eterna*[451] e está fixa, seu caráter seria como o de uma

---

446. ...οὐκ ἔσται τὸ αὐτὸ μέσον τοῦ ὅλου καὶ τὸ τῆς γῆς... (*oyk éstai tò aytò méson toŷ hóloy kaì tò tês gês*). Entenda-se ...ὅλου (*hóloy*)... como *universo*.

447. { }...καὶ νῦν... (*kaì nŷn*) é registrado por Bekker (em consonância com o manuscrito) no fim desse período. Simplício o deslocou para essa posição, no que é seguido por Guthrie e Allan, mas compreensivelmente não por todos os helenistas que estabeleceram o texto após Simplício. Ficamos com Simplício, Guthrie e Allan.

448. ...ἐπὶ βώλου καὶ μορίου τοῦ τυχόντος ἢ ἐπὶ ὅλης τῆς γῆς... (*epì bóloy kaì moríoy toŷ tykhóntos è epì hóles tês gês*).

449. A Terra.

450. ...ἐγένετο... (*egéneto*), ou, na voz ativa ontológica: *veio a ser*.

451. ...ἀεὶ διατελεῖ... (*aeì dialeleî*), literal e analiticamente: *continua sempre, dura sempre*. Mas Bekker omite ...διατελεῖ... (*diateleî*), o que conecta o advérbio ...ἀεὶ...

146 | DO CÉU

fase primária do vir a ser,[452] se este houvesse ocorrido. A essa argumentação, que aponta necessariamente para a esfericidade da Terra, soma-se o fato de que todos os [corpos] pesados executam seu movimento descendente segundo ângulos semelhantes e não paralelos.
20 Isso indica como ocorre naturalmente a queda, ou seja, na direção daquilo que é, por natureza, esférico. Portanto, ou ela é esférica ou, ao menos, é de sua natureza o ser. *Deve-se classificar cada coisa em função daquilo a que visa naturalmente e é efetivamente,*[453] e não em função do que é por imposição e contrariando a natureza.

Outro testemunho disso é o dos fenômenos que captamos pelos sentidos. Se não fosse assim,[454] os eclipses da lua não mostrariam seg-
25 mentos como os vemos. Por ocasião de suas *fases mensais*,[455] assume todas as modalidades de secções (é seccionada pela reta, a curva e côncava); entretanto, durante os eclipses seu contorno é sempre uma linha curva. Daí, sendo a causa dos eclipses a interposição da
30 Terra, é de se presumir que sua forma seja devida à forma da superfície terrestre, que é esférica. A imagem que os astros nos oferecem evidencia igualmente não só que [a Terra] é esférica, como também que é de modesta grandeza, uma vez que basta realizarmos um ligeiro deslocamento *para o sul ou para o norte*[456] para percebermos
298a1 visivelmente a alteração da linha do horizonte, de modo que os as-

---

(*aeì*), sempre, diretamente a ...μένουσα... (*ménoysa*), verbo intransitivo ...μένω... (*méno*), permanecer, estar fixo. Nesse caso a tradução seria: ... não gerada e sempre fixa..., com a omissão do atributo da eternidade. Trata-se de mais uma sugestão de Simplício, não acatada por Bekker, mas seguida por Allan. Guthrie chama a atenção para isso, mas apesar de manter ...ἀγένητος ἀεὶ διατελεῖ μένουσα... (*agénetos aeì diateleî ménoysa*), ele não inclui o atributo da fixidez ou imobilidade em sua tradução. Ficamos com Simplício.

452. A γένεσις (*génesis*), geração (vir a ser), é um processo que implica em estágios.

453. ...δεῖ δ' ἕκαστον λέγειν τοιοῦτον εἶναι ὃ φύσει βούλεται εἶναι καὶ ὁ ὑπάρχειν, ... (*deî d' hékaston légein toioŷton eînai hò phýsei boýletai eînai kaì o hypárkhein*), ou numa tradução mais próxima do literal: ...Deve-se chamar cada coisa segundo o que quer ser naturalmente e é efetivamente... .

454. Isto é, se a Terra não fosse esférica.

455. ...μῆνα σχηματισμοῖς... (*mêna skhematismoîs*), configurações da lua.

456. ...πρὸς μεσημβρίαν καὶ ἄρκτον... (*pròs mesembrían kaì árkton*), ou seja, numa linguagem mais propriamente astronômica e, ao mesmo tempo, mais na literalidade: ...*para o meridiano ou para a Ursa*... .

LIVRO II | 147

tros acima de nossas cabeças mudam consideravelmente suas posições, impossibilitando ver os mesmos à medida que nos movemos *para o norte ou para o sul*.[457] Certas *estrelas*[458] que são visíveis no Egito e nas cercanias de Chipre são invisíveis em regiões do nor-
5 te, enquanto *astros*[459] que aparecem constantemente nas regiões do norte têm seu poente contemplado nas outras. Isso não se limita a revelar a forma esférica da Terra, mas também que não é uma esfera de grande porte; caso contrário, um ligeiro deslocamento da posição não poderia produzir um efeito tão rápido. Eis a razão porque
10 os que supõem que a região em torno das *colunas de Héracles*[460] e aquelas em torno da Índia fazem contato, e que desse modo existe apenas um mar, pelo que parece não estão proferindo algo absolutamente incrível. Sua afirmação é, a propósito, corroborada pela indicação de que os elefantes constituem uma espécie que pode ser encontrada em ambas essas regiões extremas, do que decorre a afirmação deles de que tal ocorrência comum nos extremos é explica-
15 da pelo fato de fazerem contato. E os matemáticos que tentaram estimar a extensão da circunferência [da Terra] de um extremo ao outro *disseram ser de quarenta miríades de estádios*.[461]

Com base nesses argumentos, estamos autorizados a concluir que necessariamente a massa da Terra não só é esférica como
20 também, relativamente a outros astros, não possui uma grandeza expressiva.

---

457. ...πρὸς ἄρκτον τε καὶ μεσημβρίαν... (*pròs árkton te kaì mesembrían*): *...para a Ursa ou para o meridiano...* . Ver nota anterior.

458. ...ἀστέρες... (*astéres*). Ver nota 352.

459. ...ἄστρων... (*ástron*). Ver nota 336.

460. ...Ἡρακλείας στήλας... (*Herakleías stélas*), ou colunas de Hércules (para usar a forma latinizada), que é como os antigos denominavam o Estreito de Gibraltar.

461. ...εἰς τετταράκοντα λέγουσιν εἶναι μυριάδας σταδίων. ... (*eis tettarákonta légoysin eînai myriádas stadíon.*), ou seja, 400.000 estádios. Considerando que um estádio corresponde a cerca de 180 m, Aristóteles tem em mente cerca de 72.000 km.

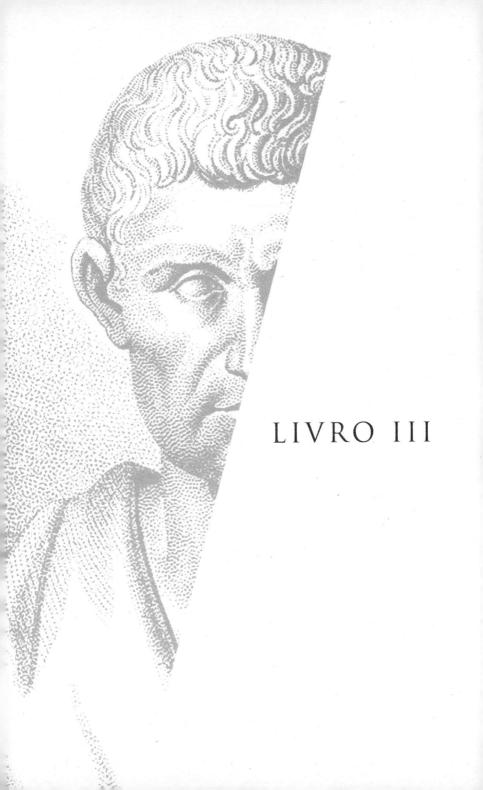

LIVRO III

1

ANTERIORMENTE OCUPAMO-NOS do primeiro céu e de suas par-
25 tes, e na sequência também dos *astros que aparecem*[462] nele, de sua
composição e traços naturais; ademais, apuramos e indicamos que
são não gerados e indestrutíveis. Classificamos como *naturais*[463]
quer as coisas que são substâncias, quer as funções e estados passivos destas (ao dizer *substâncias*,[464] refiro-me aos corpos simples – o
30 fogo, a terra e os outros corpos da mesma ordem – também me referindo às coisas compostas deles, servindo de exemplos o céu como
um todo e suas partes, e ainda os animais e plantas e as partes de uns
e outros; quanto aos *estados passivos e funções*,[465] são os movimentos
de cada uma [das substâncias], bem como aqueles das outras [coi-
sas] causadas pelas primeiras [substâncias] devido à potência que é
própria a estas, incluindo *suas alterações e suas mútuas transforma-*
298b1 *ções*[466]). Fica assim evidente que *a investigação da natureza é a dos*
corpos[467] majoritariamente, uma vez que todas as substâncias natu-

---

462. ...φαινομένων ἄστρων... (*phainoménon ástron*), astros que se mostram visíveis,
segundo Bekker e Guthrie. Mas Allan registra ...φερομένων ἄστρων... (*pheroménon*
ástron), astros que se movem. Provável imprecisão ou difícil legibilidade do manuscrito. Embora tenhamos traduzido com Bekker e Guthrie, a opção de Allan e
outros helenistas nos parece tão cabível quanto a primeira, se considerarmos o
teor do texto aristotélico.

463. ...φύσει... (*phýsei*).

464. ...οὐσίας... (*oysías*).

465. ...πάθη δὲ καὶ ἔργα... (*páthe dè kaì érga*).

466. ...τὰς ἀλλοιώσεις καὶ τὰς εἰς ἄλληλα μεταβάσεις... (*tàs alloióseis kaì tàs eis állela*
metabáseis).

467. ...τῆς περὶ φύσεως ἱστορίας περὶ σωμάτων εἶναι... (*tês perì phýseos historías perì*
somáton eînai).

152 | DO CÉU

rais ou são corpos ou coisas que dependem, para o seu *vir a ser*,[468] de corpos e grandezas. Tanto uma análise do tipo das coisas naturais 5 quanto o estudo especializado de cada tipo esclarecem isso.

Já nos ocupamos do elemento primário, de sua natureza, e apuramos que é indestrutível e não gerado, de modo que devemos nos ocupar dos outros *dois*.[469] Para isso, porém, será necessário nos ocuparmos paralelamente da *geração e corrupção*,[470] porquanto ou não 10 existe geração ou, existindo, ocorre apenas nesses elementos e nas coisas que deles procedem. Assim, talvez convenha principiarmos precisamente por essa questão, a saber, se ela existe ou não existe. No passado, aqueles que investigaram em busca da verdade divergiram tanto de nossas atuais concepções quanto entre si. Alguns deles 15 pura e simplesmente negaram a geração e a corrupção. Sustentam que *as coisas que são*[471] nem nascem nem se corrompem:[472] isso é apenas o que nos parece. [É como pensam] os adeptos de Melisso e Parmênides,[473] mas, mesmo que parte de suas teorias estejam corretas, seu discurso *não é o da filosofia da natureza;*[474] de fato, a exis- 20 tência de coisas que são (seres) que são *não geradas e absolutamente imóveis*[475] não diz respeito à física (filosofia da natureza), mas sim a um estudo distinto e mais elevado do que ela.[476] O fato, porém, de não conceberem a existência de algo que fosse distinto das *substâncias sensíveis*[477] e, ao mesmo tempo, terem a percepção, como pionei-

---

468. Ver nota 180.

469. ...δυοῖν... (*dyoîn*), mas entenda-se os *dois* pares dos elementos sublunares, quais sejam, fogo e ar, água e terra. Portanto, quatro elementos.

470. ...γενέσεως καὶ φθορᾶς... (*genéseos kaì phthorâs*), ontologicamente falando, o vir a ser e o cessar de ser.

471. ...τῶν ὄντων... (*tôn ónton*), os seres.

472. Ou seja, o ser nem vem a ser, nem deixa de ser: o ser *é (existe)*.

473. Melisso de Samos (século V a.C.), filósofo pré-socrático; Parmênides de Eleia (século V a.C.), poeta e filósofo pré-socrático. Com esses pensadores surge propriamente a ontologia (metafísica) na filosofia grega.

474. ...οὐ φυσικῶς... (*oy physikôs*).

475. ...ἀγένητα καὶ ὅλως ἀκίνητα... (*agéneta kaì hólos akineta*).

476. Isto é, precisamente a ontologia ou metafísica. Ver nota 473.

477. ...αἰσθητῶν οὐσίαν... (*aisthetôn oysian*).

LIVRO III | 153

ros, que a possibilidade do *conhecimento ou pensamento*[478] dependia
de entidades suprassensíveis, dispuseram-nos a transferir os racio-
25 cínios aplicáveis a estas aos objetos da natureza. Outros, como se
propositalmente, defenderam a opinião contrária. Afirmaram que
nada é não gerado, tudo sendo gerado (tudo vindo a ser), e que uma
vez sendo geradas (vindo a ser), algumas coisas permanecem indestrutíveis (incorruptíveis), ao passo que outras se corrompem (cessam
de ser). São defensores dessa concepção, sobretudo, Hesíodo,[479] seus
seguidores e, entre outros, *os primeiros filósofos da natureza.*[480] Havia
30 entre estes os que pensavam que tudo vem a ser e flui, nada sendo
estável, à exceção de uma só coisa que serve de fundamento e da qual
se originam todas as demais naturalmente mediante transformações.[481] Isso parece que foi o que quis dizer Heráclito de Éfeso,[482] ao
qual se somaram muitos outros. Houve, ademais, os que conceberam que a geração se aplica a todos os corpos, ocorrendo por meio
299a1 da composição a partir de planos e decomposição em planos.

O exame daquelas outras teorias pode ser adiado para outra
oportunidade. Quanto a esta última, contudo, a da composição de
todos os corpos a partir de planos, um olhar é suficiente para re-
5 velar que, sob muitos aspectos, contradiz a matemática. Abalar as
hipóteses de uma ciência sem dispor de argumentos mais dignos
de crédito não é justo. Além disso, se adotarmos a teoria da composição de sólidos a partir de *planos*,[483] nos veremos claramente
obrigados a compor planos a partir de *linhas*,[484] e estas a partir de
pontos.[485] Daí resulta parte de uma linha não ser mais necessaria-

---

478. ...γνῶσις ἢ φρόνησις... (*gnôsis è phrónesis*).

479. Hesíodo de Ascra (século VIII a.C.), poeta épico.

480. ...οἱ πρῶτοι φυσιολογήσαντες. ... (*hoi prôtoi physiologésantes.*).

481. Pontualmente a teoria oposta à de Parmênides, que sustenta que tudo o que há é o ser
que se contrapõe de maneira cristalizada ao não ser. Aqui, ao contrário, tudo o que
há é o vir a ser. Nada (salvo o elemento primordial) se estabiliza, se cristaliza no
ser e, tampouco, cessa de *ser* porque jamais *foi*.

482. Heráclito de Éfeso floresceu entre os séculos VI e V a.C.

483. ...ἐπιπέδων... (*epipédon*), o mesmo que superfícies.

484. ...γραμμῶν... (*grammôn*).

485. ...στιγμῶν... (*stigmôn*).

154 | DO CÉU

10 mente uma linha. Isso foi examinado anteriormente por nós no *tratado sobre movimento*,[486] onde [demonstramos] a inexistência de extensões indivisíveis. Entretanto, no que diz respeito aos corpos naturais, as impossibilidades a eles pertinentes, oriundas da concepção das *linhas indivisíveis*,[487] merecem neste momento uma breve consideração. O que concluímos como impossível no âmbito

15 da matemática, também é de se concluir naquele da física, embora não se trate de todas as impossibilidades deste último âmbito estarem presentes no primeiro, porque quando lidamos com os objetos da *matemática*,[488] o fazemos *a partir da abstração*,[489] ao passo que, ao lidarmos com *os objetos da física, a partir da adição*.[490] Em consonância com isso, a quantidade de atributos não aplicáveis aos indivisíveis é grande, embora sejam forçosamente aplicáveis aos objetos naturais {tal como, se algo indivisível existe}.[491] A existência

20 de algo divisível no indivisível é impossível, ao passo que, no que respeita aos atributos, são todos duplamente divisíveis, a saber: ou pela *espécie*[492] (tal como branco e preto no que toca à cor), ou pelo *acidente*[493] se a coisa a que se aplicarem for divisível, situação em que todos os atributos são divisíveis. Isso nos conduz ao exame das

25 impossibilidades que os envolvem.

---

486. ...περὶ κινήσεως λόγοις... (*perì kinéseos lógois*), ou seja, a *Física*.

487. ...ἀτόμους γραμμάς... (*atómoys grammás*).

488. ...τὰ μαθηματικά, ... (*tà mathematiká,*): embora costumemos, por vezes, dizer matemática (singular), o leitor deve entender que se trata, para os antigos gregos, não de uma única ciência, mas de, no mínimo, quatro (às vezes também a mecânica é incluída): a aritmética, a geometria, a astronomia e a harmonia (música). Aliás, mesmo modernamente, deveríamos dizer *matemáticas*, pois são a aritmética, a geometria e a álgebra (está última desconhecida dos antigos gregos, mas concebida pelos árabes).

489. ...ἐξ ἀφαιρέσεως... (*ex aphairéseos*).

490. ...τὰ δὲ φυσικὰ ἐκ προσθέσεως. ... (*tà dè physikà ek prosthéseos.*).

491. { } ...οἷον εἴ τί ἐστιν ἀδιαίρετον. ... (*hoîon eí tí estin adiaíreton.*) é registrado por Guthrie com base em Bekker, mas o primeiro, como Stocks traduzindo o texto estabelecido por Allan, não o traduz. Embora o tenhamos indicado entre chaves, parece-nos uma interpolação, se não deslocada e até inconveniente, certamente dispensável.

492. ...εἶδος... (*eîdos*).

493. ...συμβεβηκός... (*symbebekós*).

LIVRO III | 155

Se cada uma das [duas] partes de uma coisa isoladamente não tem peso, é impossível que ambas combinadas o tenham, isso, no entanto, embora os corpos sensíveis, se não na sua totalidade, alguns entre eles, como a terra e a água, tenham peso. Eis algo admitido por esses mesmos [pensadores]. Todavia, considerando-se que o ponto não tem peso, é evidente que as linhas tambem não o têm 30 e, se elas não o têm, nem o terão as superfícies. A consequência é a imponderabilidade de quaisquer corpos.

A imponderabilidade do ponto é evidente. Toda coisa pesada é passível de ser mais pesada do que uma outra, enquanto toda coisa leve é passível de ser mais leve do que uma outra; contudo, o que é 299b1 mais pesado ou mais leve comparativamente a outra coisa talvez não seja necessariamente, ele próprio, pesado ou leve, tal como é possível que alguma coisa grande seja maior do que outra coisa, ainda que o maior não seja absolutamente grande. Existem muitas coisas que, *sendo pequenas em sentido absoluto*,[494] são maiores do que certas ou5 tras coisas. Consequentemente, se uma coisa pesada e mais pesada do que outra é necessariamente superior em peso, concluímos que uma coisa pesada é divisível. Supomos, porém, em princípio, que o ponto é indivisível. Por outro lado, suponhamos aquilo que é pesado como denso e o que é leve como raro, diferindo o denso do raro por ser mais copioso do que este num mesmo volume. Isso indicaria para um ponto, no âmbito da possibilidade deste ser pesado ou leve, 10 a possibilidade de o ponto ser *denso ou raro*.[495] O problema é que aquilo que é denso é divisível, quando o ponto é indivisível. Se, a somar-se a isso, *tudo que é pesado é necessariamente ou mole ou duro*,[496] seria fácil ter como resultado uma impossibilidade. É mole aquilo que, quando pressionado, cede em si mesmo, duro aquilo que, sob pressão, não cede. Bem, aquilo que cede é divisível.

15 Por outro lado, não é possível que um peso consista de partes imponderáveis. Como apurar, quer a quantidade, quer a natureza

---

494. ...μικρὰ ὄντα ἁπλῶς... (*mikrà ónta haplôs*).

495. ...πυκνὴ καὶ μανή. ... (*pyknè kaì mané.*).

496. ...πᾶν τὸ βαρὺ ἢ μαλακὸν ἢ σκληρὸν ἀνάγκη εἶναι, ... (*pân tò barỳ è malakòn è skleròn anágke eînai,*).

das partes capazes de produzir peso, determinar distinções, se não quisermos mergulhar na ilusão? Se de fato todo peso maior do que outro determina um certo peso, cada parte indivisível terá peso; por exemplo, na suposição de que uma coisa de quatro pontos tem um certo peso, uma coisa constituída de um número superior a 20 quatro pontos terá mais peso do que a anterior, a qual já possuía peso. O que torna alguma coisa mais pesada do que uma outra coisa pesada é necessariamente pesado, tal como o que torna algo mais branco do que algo branco é branco, de maneira que, se uma quantidade igual é subtraída [das duas coisas], o ponto único restante terá, também ele, peso.

Além disso, a suposição de que os planos (superfícies) têm sua 25 união limitada ao contato linear é absurda. Tal como podemos unir linhas de duas maneiras, nomeadamente *no sentido do comprimento e naquele da largura*,[497] o mesmo ocorre na união de uma superfície com outra. Quanto às linhas, é possível uni-las mediante contato linear lateralmente em sobreposição, de preferência a dispô-las no sentido do comprimento (extremidade à extremidade). Mas se, nesse caso, tivermos a possibilidade de realizar a união por contato 30 [de superfícies], o produto disso será um corpo que nem é um elemento nem algo constituído a partir de elementos, pois resultado de planos (superfícies) que foram unidos do modo anteriormente indicado.

Ademais, se, no tocante aos corpos, é a quantidade de suas superfícies que determina o fato do maior peso de uns em relação a 300a1 outros, como é descrito no *Timeu*,[498] fica evidente que tanto a linha quanto o ponto são ponderáveis, uma vez que, como antes observamos, uma e outro guardam uma proporçao entre si. Se, contudo, não for esse o fator que determina essa diferença, mas sim o fato de a terra ser pesada e o fogo leve, a conclusão é a de que também 5 planos (superfícies) são leves ou pesados, e igualmente linhas e pontos; de fato, a superfície referente à Terra é mais pesada do que aquela do fogo. Em termos gerais, ou não existe grandeza alguma,

---

497. ...κατὰ μῆκος καὶ κατὰ πλάτος, ... (*katà mêkos kaì katà plátos,*), ou seja, de extremidade à extremidade e lado a lado.

498. Cf. *Timeu*, 56b, Platão.

LIVRO III | 157

ou ela é suprimível, se concedermos que como o ponto é para a
linha, esta é para o plano (superfície) e este último para o corpo,
10 pois todos podem ser decompostos uns nos outros, resultando no
que lhes é primário. Isso aponta para a possibilidade de não existir
nenhum corpo, mas somente pontos.

Que se acresça que *o tempo*,[499] na hipótese de sua constituição
ocorrer identicamente, será ou poderá ser suprimido, *pois o instante
indivísivel*[500] seria como o ponto presente na linha.

15 A crença de que o céu é constituído a partir de números conduz
às mesmas consequências; é como creem certos pitagóricos. São as
mesmas consequências porque os *corpos naturais*[501] são evidentemente dotados de peso e leveza; diferentemente, a união de suas
unidades[502] é incapaz quer de produzir corpos, quer de possuir peso.

2

20 NA SEQUÊNCIA SERÁ DEMONSTRADO CLARAMENTE que todos
os corpos simples possuem necessariamente um certo movimento natural. Estão manifestamente em movimento, de modo que, se
não forem detentores de um movimento próprio, são necessariamente movidos por uma força [imposta]. *Força [imposta] e contra
a natureza são idênticos.*[503] Entretanto, um movimento antinatural
25 implica necessariamente um natural, que ele opõe. E, a despeito da
multiplicidade dos movimentos antinaturais, o natural é uno; de
fato, de acordo com a natureza, o movimento de cada coisa é simples, ao passo que ela possui movimentos antinaturais múltiplos.

---

499. ...ὁ χρόνος... (*ho khrónos*).

500. ...τὸ γὰρ νῦν τὸ ἄτομον... (*tò gàr nŷn tò átomon*): literalmente *pois o agora indivísivel*.

501. ...φυσικὰ σώματα... (*physikà sómata*).

502. ...μονάδας... (*monádas*).

503. ...τὸ δὲ βίᾳ καὶ παρὰ φύσιν ταὐτόν. ... (*tò dè bíai kaì parà phýsin taytón.*).

158 | DO CÉU

Uma demonstração adicional pode ser obtida com base no repouso. O repouso também é necessariamente ou por imposição de força ou natural; se a ação de uma força imposta moveu alguma coisa para um determinado lugar, essa coisa ali permanecerá mediante a ação de força imposta, enquanto se o movimento ocorreu naturalmente a permanência no lugar também será natural. Ora,
30 evidencia-se a presença permanente de um corpo no centro; supondo que se trata de um repouso natural, fica claro que foi igualmente natural o movimento que o conduziu até esse lugar; se repouso imposto por uma força, o que barra o seu movimento? Se o que o barra estiver em repouso, estaremos nos movendo em círculo com o mesmo argumento. Ou necessariamente acabaremos numa
300b1 primeira coisa naturalmente em repouso, ou prosseguiremos *ad infinitum*,[504] o que é impossível. Mas se acontecer de o obstáculo ao seu movimento estar ele próprio em movimento (como afirma Empédocles referindo-se ao vórtice que, segundo ele, é a causa da imobilidade da Terra), considerando-se que é impossível continuar *ad infinitum*, qual seria a sua destinação? De fato, o impossível não
5 ocorre, sendo impossível cruzar o infinito. A conclusão é a de que aquilo que está em movimento detém-se necessariamente em algum ponto e aí permanece em repouso, não pela imposição de uma força, mas conforme a natureza. Ora, a existência de um repouso natural determina aquela de um movimento natural, isto é, aquele rumo ao próprio lugar de repouso.

Disso decorre a necessidade, para Leucipo e Demócrito (quan-
10 do *afirmam que os corpos primários movem-se perpetuamente no vazio e no infinito*[505]), de explicarem a qual movimento se referem e qual é o movimento natural para eles. Cada um dos elementos é passível de ser movido pela força imposta por um outro, sendo necessária, porém, a posse, por parte de cada um deles, igualmente de um movimento natural que sofre a oposição do movimento imposto pela força. E não pode ocorrer *o movimento inicial*[506] ge-

---

504. ...εἰς ἄπειρον... (*eis ápeiron*).

505. ...λέγουσιν ἀεὶ κινεῖσθαι τὰ πρῶτα σώματα ἐν τῷ κενῷ καὶ τῷ ἀπείρῳ, ... (*légoysin aeì kineîsthai tà prôta sómata en tôi kenôi kaì tôi apeíroi*).

506. ...τὴν πρώτην κινοῦσαν... (*tèn próten kinoŷsan*).

LIVRO III | 159

rando movimento pela força, mas apenas segundo a natureza. Na
15 ausência de um *primeiro motor*[507] natural, teremos um processo *ad
infinitum* no qual haveria sempre um motor anterior a transmitir
movimento, mas sendo ele movido por imposição de força.

Ficaremos fatalmente em idêntica situação se crermos, como se
pode ler no *Timeu*,[508] que antes do *vir a ser do mundo*[509] os elementos encontravam-se num movimento desordenado.[510] Uma de duas:
seu movimento foi necessariamente ou por imposição de força ou
20 natural. Se, entretanto, foi natural, [já] *existia necessariamente um
mundo*,[511] se quisermos examinar meticulosamente isso. O *primeiro
motor*[512] necessariamente move a si mesmo, além do que seu movimento é natural; acresça-se que coisas que realizam um movimento
não imposto alcançam seu repouso em lugares que lhes são próprios,
do que decorre se organizarem tal como o fazem agora, ou seja, as
coisas pesadas movendo-se centripetamente, enquanto as leves o fa-
25 zem centrifugamente. O mundo é possuidor de idêntica disposição.

Poder-se-ia formular ainda uma outra questão, a saber, a de ser
possível ou não a congregação de algumas dessas coisas em associações constituintes de corpos naturais (*quero dizer como ossos e carne*[513]), contando-se com tal movimento desordenado que, segundo

---

507. ...κινοῦν πρῶτον, ... (*kinoŷn próton*). Ver nota anterior. O conceito de primeiro
motor é fundamental e deve ser estudado na *Física*.

508. *Timeu*, 30a, Platão.

509. ...γενέσθαι τὸν κόσμον... (*genésthai tòn kósmon*).

510. Na cosmologia de Platão, os elementos encontram-se desordenados no χάος
(*kháos*), espaço colossal nebuloso e tenebroso presente anteriormente à formação
do mundo (universo) ordenado (κόσμος [*kósmos*]). É o Demiurgo que toma todos
esses elementos desordenados e esparsos e com eles constrói o universo com sua
multiplicidade de coisas, como um artista, um escultor, por exemplo, que molda uma estátua com formas definidas, equilibradas e belas a partir de um bloco
amorfo de mármore ou bronze. O Demiurgo, assim, substitui o χάος (*kháos*) pelo
κόσμος (*kósmos*). Ver Platão, *Timeu*. O universo é gerado (vem a ser) não *ex nihilo*
(a partir do nada), mas a partir do caos preexistente, que tem seus elementos assimilados e *cessa de ser* para dar lugar ao *vir a ser* e ao *ser* do universo ordenado
(cosmos).

511. ...ἀνάγκη κόσμον εἶναι, ... (*anágke kósmon eînai*).

512. ...πρῶτον κινοῦν... (*próton kinoŷn*).

513. ...λέγω δ᾿ οἷον ὀστᾶ καὶ σάρκας... (*légo d᾿ hoîon ostâ kaì sárkas*).

160 | DO CÉU

o que expressou Empédocles, é o que se produziu sob a Amizade.[514]
30 Ele diz:

Muitas cabeças cresceram sem pescoço.[515]

Se concebermos um número infinito de coisas em movimento no infinito e a existência de um único motor, o resultado obrigatório será a existência de um único movimento para movê-las, caso em que não existirá movimento desordenado; na hipótese, contudo, da infinidade de motores, também os movimentos o serão necessariamente, pois se estes fossem limitados, uma certa ordem seria instaurada; de fato, de modo algum a desordem é produzida pela presença de movimento em várias direções. Mesmo no mundo presente todas as coisas não se movem para um mesmo ponto, salvo as coisas de gênero idêntico. Ademais, o [movimento] desordenado não é distinto do [movimento] não natural, na medida em que a ordem característica das coisas sensíveis é sua natureza. A mera noção de um movimento desordenado infinito é *absurda e impossível*.[516] A natureza das *coisas*[517] é aquela que as coisas possuem na sua maioria e na maior parte do tempo. Essa posição[518] conduz a um resultado contrário, isto é: a desordem é de acordo com a natureza, enquanto a ordem e o mundo contrariam a natureza. Entretanto, o acaso não é o gerador de nada que é natural. Esse ponto parece ter sido compreendido bem por Anaxágoras, na medida em que é, *com efeito, a partir de coisas imóveis que ele começa a criar o mundo*.[519] Quanto a outros, ao menos, empenham-se em supor uma combinação [das coisas] antes da tentativa de produzir movimento e dissociação. Não é razoável, porém, fazer desencadear a geração

30 ... (à margem esquerda: 301a1, 5, 10)

---

514. ...φιλότητος... (*philótetos*).

515. ...πολλαὶ μὲν κόρσαι ἀναύχενες ἐβλάστησαν. ... (*pollaì mèn kórsai anaýkhenes eblástesan.*). Fragmento 57, Diels-Kranz.

516. ...ἄτοπον καὶ ἀδύνατον. ... (*átopon kaì adýnaton.*).

517. ...πραγμάτων... (*pragmáton*).

518. Ou seja, a posição dos que admitem a existência do movimento desordenado, em especial Platão.

519. ...ἐξ ἀκινήτων γὰρ ἄρχεται κοσμοποιεῖν. ... (*ex akinéton gàr árkhetai kosmopoieîn*). Ou, em outras palavras, a base da cosmogonia de Anaxágoras não é o movimento das coisas, mas a sua imobilidade.

LIVRO III | 161

15 (o vir a ser) a partir de uma situação original de dissociação e movimento das coisas. Eis aí a razão, inclusive para Empédocles, nesse caso, omitir a ação da Amizade. Não teria sido possível construir seu *mundo*[520] constituindo-o a partir de [elementos] dissociados, para depois associá-los por meio da Amizade. O fato de os elementos do mundo estarem dissociados nos leva a supor que sua geração 20 (vir a ser) partiu necessariamente da unidade e da associação.

O que dissemos anteriormente mostra que cada corpo é dotado de um movimento natural, e que este não é nem imposto nem contra a natureza. Será mostrado na sequência que alguns deles detêm um impulso determinado necessariamente ao peso e à leveza. Dizemos que seu movimento é necessário. Contudo, no caso da 25 carência de um impulso natural por parte daquilo que se move, será impossível que realize o movimento centrípeto ou o centrífugo. Suponhamos uma coisa imponderável A e uma outra, B, ponderável. Suponhamos, também, que a coisa imponderável (destituída de peso) desloca-se na distância CD, e B[521] desloca-se na distância CE em tempo igual, sendo a distância CE maior, uma vez que o deslocamento produzido pela coisa pesada é maior. Se procedermos 30 à divisão do corpo pesado proporcionalmente ao que CE é para CD (visto que é possível a [coisa] entreter essa relação com uma de suas próprias partes), se então a [coisa] toda deslocar-se na distância completa CE, a parte se deslocará necessariamente em tempo igual na distância CD. A conclusão é que aquilo que é dotado de 301b1 peso e aquilo que é dele destituído cobrirão a mesma distância, algo impossível. Idêntico raciocínio vale para a leveza. Ademais, um corpo móvel que não possui nem leveza nem peso (se existir) terá necessariamente um movimento imposto por força, o que equivale a dizer que, nessas condições, terá que realizar um movimento infinito. Sendo o seu movimento produzido por uma *força*[522] motriz, 5 o [corpo] menor e mais leve será conduzido a uma maior distância pela mesma força. Imaginemos agora que o corpo destituído de

---

520. ...οὐρανόν... (*oyranón*).

521. A coisa ponderável, isto é, com peso.

522. Aristóteles utiliza aqui e na sequência deste contexto a palavra δύναμις (*dýnamis*) e não βία (*bía*).

162 | DO CÉU

peso A é movido cobrindo a distância CE, enquanto o dotado de peso, B, é movido cobrindo, num tempo igual, a distância CD. Se procedermos à divisão do corpo dotado de peso respeitando a proporção que CE guarda com CD, a parte dissociada resultante
10 da divisão de todo o corpo, consequentemente, se deslocará em CE num tempo igual, na medida em que o todo se deslocará em CD. Com efeito, a correspondência que o corpo maior tem com o menor equivale à correspondência, no tocanté à velocidade, que o corpo menor tem com o maior. Disso decorreria o seguinte: o corpo com peso e aquele sem peso cobrirão uma distância igual em tempo
15 idêntico. Isso é impossível. Ora, considerando-se que o [corpo] imponderável será invariavelmente movido a uma distância superior a qualquer outro, seu movimento será ao infinito. *Evidencia-se que todo corpo possui necessariamente peso ou leveza definidos.*[523]

O *princípio motriz*[524] numa própria coisa é a natureza, enquanto uma outra coisa, ou a mesma, mas concebida na sua alteridade,
20 tem uma força na qualidade desse princípio; por outro lado, todo movimento é natural ou imposto, de modo que o movimento natural é acelerado pela força, tal como aquele de uma pedra em movimento descendente, que se acresça ser ela que produz o movimento não natural. Em ambos os casos o ar é empregado como *instru-*
25 *mento.*[525] O ar, com efeito, é naturalmente tanto leve quanto pesado: produz movimento ascendente na sua qualidade de leve, ao ser propelido e receber impulso da *força*[526] original; produz movimento descendente na sua qualidade de pesado. Quer num caso, quer

---

523. ...φανερὸν οὖν ὅτι ἀνάγκη πᾶν σῶμα βάρος ἔχειν ἢ κουφότητα **διωρισμένον**. ... (*phaneròn oýn hóti anágke pân sôma báros ékhein è koyphóteta diorisménon*). Há helenistas, na esteira de Simplício, que entendem que διωρισμένον (*diorisménon*) reporta-se a ...σῶμα... (*sôma*), corpo, e não a ...βάρος... (*báros*), peso, e ...κουφότητα... (*koyphóteta*), leveza. Discordamos, quer pela posição dessa palavra na sentença, quer pela maior coerência interna do contexto. De qualquer modo, registramos aqui a tradução (que altera consideravelmente o teor do texto) segundo essa compreensão e interpretação: ...Evidencia-se que todo corpo *dissociado* possui necessariamente peso ou leveza... Nossa tradução acata a unanimidade de Bekker, Guthrie, Allan e Stocks.

524. ...κινήσεως ἀρχή... (*kinéseos arkhé*).

525. ...ὀργάνῳ... (*orgánoi*).

526. ...δυνάμεως... (*dynámeos*).

LIVRO III | 163

no outro, a força transmite o movimento à coisa, por assim dizer, como se "fazendo-o introduzir-se nela". É em função disso que algo movido por força imposta permanece em movimento, ainda que o motor deixe de acompanhá-lo. A propósito, o movimento imposto não existiria se não houvesse tal corpo.[527] É de maneira idêntica
30 que o movimento natural de cada um [dos corpos] recebe auxílio.

Foi evidenciado pelas nossas considerações que as coisas, na sua totalidade, são ou pesadas ou leves, e também foi explicado como são produzidos os movimentos não naturais. Que nem todas as coisas são geráveis (suscetíveis de vir a ser), bem como que nada é gerado (vem a ser) num sentido absoluto pode ser concluído claramente do que foi ventilado. É tão impossível existir a geração (vir
302a1 a ser) de quaisquer corpos quanto existir um vazio independente, isso pela razão de que o lugar a ser ocupado pelo que se encontra em vir a ser (na possibilidade de seu vir a ser) necessariamente continha anteriormente vazio, pois aí não existia corpo algum. É possível um corpo vir a ser a partir de outro, *como o fogo do ar*,[528]
5 mas nada absolutamente pode vir a ser na ausência de outra grandeza preexistente. Digamos, no máximo, que a partir de um certo corpo em potência pode vir a ser um corpo em ato; mas, no caso de o corpo em potência não ser anteriormente outro corpo em ato, existirá vazio independente.

3

10 RESTA INDICAR QUAIS CORPOS SÃO GERADOS (vêm a ser) e a causa disso. Considerando-se que, em quaisquer áreas, o conhecimento está no que é primário, e uma vez que os elementos são os constituintes primários, é preciso examinar, entre esses corpos, quais são elementos, e a causa disso; na sequência verificaremos
15 sua quantidade e qualidade. Uma resposta clara surgirá se estabele-

---

527. Ou seja, o elemento ar.

528. ...οἷον ἐξ ἀέρος πῦρ, ... (*hoîon ex aéros pŷr,*).

164 | DO CÉU

cermos qual é *a natureza do elemento.*[529] Que definamos, portanto, o elemento como o corpo em que os outros corpos são suscetíveis de ser decompostos, e que neles se faz presente em *potência ou ato*[530] (se esta ou este é uma questão ainda em discussão), não sendo ele suscetível de ser decomposto em constituintes que dele se distinguem do ponto de vista da espécie. É aproximadamente isso o que todos [os homens] em [todas as partes] querem dizer com elemento.

20 Ora, se elemento é o que descrevemos, tais corpos necessariamente existem. Não há dúvida que a carne, a madeira e similares contêm fogo e terra em potência. É evidente que os primeiros se originam dos segundos por dissociação. Contudo, quer em potência, quer em ato, não há presença de carne ou madeira no fogo, pois sua 25 dissociação seria possível se houvesse. Mesmo se concebêssemos a existência de um único elemento, não haveria tal presença. De fato, a existência de carne, osso ou outras substâncias similares [a serem dele dissociados] não justifica afirmarmos de imediato sua presença nele em potência, sendo necessário examinar como são gerados.

Anaxágoras e Empédocles se opõem no que toca ao que dizem a respeito dos elementos. Segundo este último, fogo, terra e [coi-30 sas] da mesma ordem são os elementos dos corpos, todas as demais coisas sendo deles compostas. Segundo Anaxágoras, é o contrário. Para ele são as homeomerias[531] os elementos (entendo por isso a 302b1 carne, os ossos e similares); *ar e fogo*[532] são entendidos como uma mistura delas *e de todas as outras sementes,*[533] uma vez que cada um constitui um produto *a partir de todas as homeomerias visíveis.*[534] A geração (vir a ser) de todas as coisas a partir desses dois assim se 5 explica. Ele chama a mesma coisa de fogo e de éter. Considerando-se que todo corpo natural possui movimento próprio, que os movi-

---

529. ...τοῦ στοιχείου φύσις... (*toŷ stoikheíoy phýsis*).

530. ...δυνάμει ἢ ἐνεργείᾳ... (*dynámei è energeíai*).

531. ...ὁμοιομερῆ... (*homoiomerê*), aquilo que é constituído por partes semelhantes.

532. ...ἀέρα δὲ καὶ πῦρ... (*aéra dè kaì pŷr*), conforme o texto de Bekker, acolhido por Guthrie. Traduzindo o texto de D. J. Allan, Stocks apresenta *terra* no lugar de *ar*.

533. ...καὶ τῶν ἄλλων σπερμάτων πάντων... (*kaì tôn állon spermáton pánton*).

534. ...ἐξ ἀοράτων τῶν ὁμοιομερῶν πάντων... (*ex aoráton tôn homoiomerôn pánton*).

mentos são simples ou compostos, que os compostos são os dos corpos compostos, e os simples dos simples, a existência dos corpos simples é claramente estabelecida por aquela dos movimentos simples. Daí a evidência da existência dos elementos e a causa disso.

4

10 A QUESTÃO A SER EXAMINADA a seguir é se são numericamente limitados ou infinitos e, se for o primeiro caso, qual a sua quantidade. Comecemos por dizer que seu número não é infinito, como alguns julgam, com o que temos que começar por aqueles que, acompanhando Anaxágoras, têm todas as homeomerias na conta de elementos. Entre os adeptos dessa maneira de pensar, nenhum
15 concebe corretamente o que é o elemento. Nossa visão indica que muitos entre os corpos compostos são decomponíveis em homeomerias, referindo-me, por exemplo, à carne, aos ossos, à madeira e à pedra. Nesse caso, não sendo aquilo que é composto um elemento, nem toda homeomeria será um elemento, restringindo-se este ao que não é suscetível de decomposição em constituintes que dele se distinguem do ponto de vista da espécie, como dissemos
20 anteriormente.[535]

Que se acresça que, mesmo que nossa concepção de elemento fosse a deles, a postulação de uma infinidade [de elementos] é desnecessária. No caso de um número limitado de elementos, todos os resultados seriam idênticos; de fato, apenas dois ou três bastariam, como Empédocles tenta mostrar. Por outro lado, mesmo considerando a própria concepção deles, apuramos que nem todas as coisas
25 são produzidas a partir das homeomerias (*com efeito, não produzem o rosto a partir de rostos*,[536] ou quaisquer outras coisas que recebessem uma configuração de acordo com a natureza), de modo a per-

---

535. Livro III, capítulo 3, penúltima sentença de 302a15.

536. ...πρόσωπον γὰρ οὐκ ἐκ προσώπων ποιοῦσιν, ... (*prósopon gàr oyk ek prosópon poioŷsin,*).

166 | DO CÉU

cebermos que seria claramente muito melhor conceber o número dos princípios como limitado, e mesmo reduzi-los ao mínimo possível, contanto que a possibilidade de demonstrar tudo o que se demonstrava anteriormente fosse preservada, como pensam certa-
30 mente os matemáticos. *Com efeito, sempre tomam como princípios os limitados ou na espécie ou na quantidade.*[537]

Ademais, se dissermos que a distinção dos corpos entre si ocorre com base em suas diferenças próprias, e que as diferenças corpóreas são limitadas (essas diferenças são no domínio das qualidades sen-
303a1 síveis, embora isso ainda tenha que ser demonstrado), se patenteará que os elementos são necessariamente limitados.

Uma outra concepção, defendida, por exemplo, por Leucipo e Demócrito de Abdera[538] também não conduz a conclusões razoá-
5 veis. Afirmam que as grandezas primárias são numericamente infinitas e indivisíveis do ponto de vista da grandeza, o múltiplo não vindo a ser a partir do uno, nem o uno a partir do múltiplo, mas que o vir a ser (geração) consiste totalmente na combinação e *entrelaçamento.*[539] Num certo sentido, é como se reduzissem todas as coisas a números ou fizessem de todas elas derivados de núme-
10 ros. Embora [os defensores dessa concepção] não o deixem claro, é, porém, o que querem dizer. Ademais, afirmam a existência de uma infinidade de corpos simples, porque é devido à forma que os corpos se distinguem e há uma infinidade de formas. Entretanto, não foram tão longe a ponto de precisar a forma de cada elemento, restringindo-se apenas ao fogo, ao qual conferiram a forma esférica. No que se refere ao ar, à água e ao resto, estabeleceram
15 sua distinção baseados na *grandeza e pequenez,*[540] sustentando que

---

537. ...ἀεὶ γὰρ τα πεπερασμένας λαμβάνουσιν ἀρχὰς ἢ τῷ εἴδει ἢ τῷ ποσῷ. ... (*aeì gàr ta peperasménas lambánoysin arkhàs è tôi eídei è tôi posôi.*).

538. Filósofos pré-socráticos atomistas.

539. ...περιπαλάξει... (*peripaláxei*). Os helenistas se dividem aqui entre essa palavra, ...περιπλέξει... (*peripléxei*) e ...ἐπαλλάξει... (*epalláxei*), todas possuindo na sua carga semântica, entre outros, esse significado. A rigor, é impossível termos plena certeza do preciso conceito ventilado por Aristóteles. Outro significado desse último termo, ἐπάλλαξις (*epállaksis*), conceitualmente cabível, é *alternância* que, além de implicar o entrelaçamento, denota uma permuta. Ficamos com Guthrie.

540. ...μεγέθει καὶ μικρότητι... (*megéthei kaì mikróteti*).

LIVRO III | 167

sua natureza é algo como se fosse um tipo de reserva de *todas as espécies de sementes*[541] da totalidade dos elementos.

Ora, começam por incorrer no mesmo erro já indicado, ou seja, não concebem *os princípios*[542] como limitados, embora, se assim fizessem, em nada sua teoria seria afetada. Ademais, a limitação das diferenças dos corpos evidencia a limitação do número de
20 elementos. Além disso, entram inevitavelmente em conflito com as *ciências matemáticas*[543] quando postulam *corpos indivisíveis*,[544] além de não se ajustarem a muitas opiniões comumente aceitas *e suprimirem fenômenos da percepção sensorial*;[545] esses assuntos foram anteriormente discutidos por nós nos estudos do tempo e do movimento.[546] Acabam, inclusive, necessariamente na contradição.
25 *Se os elementos são indivisíveis, com efeito é impossível que o ar, a terra e a água sejam diferenciados pela grandeza e a pequenez.*[547] Não é possível que se gerem um a partir do outro; de fato, quando ocorrer continuamente dissociação dos corpos maiores, estes escassearão e faltarão. Ora, é mediante dissociação, segundo eles, que a água, o ar e a terra se geram entre si.[548] Mesmo a se considerar, inclusive, a
30 pressuposição deles, esta não parece requerer, para a geração, uma infinidade de elementos, na medida em que a diferença dos corpos é determinada pela diferença das formas; bem, *todas as formas são constituídas a partir de pirâmides*:[549] [formas] retilíneas a partir de

---

541. ...πανσπερμίαν... (*panspermían*).

542. ...τὰς ἀρχάς... (*tàs arkhás*), mas entenda-se *os elementos*.

543. ...μαθηματικαῖς ἐπιστήμαις... (*mathematikaîs epistémais*).

544. ...ἄτομα σώματα... (*átoma sómata*), quer dizer, os átomos.

545. ...καὶ τῶν φαινομένων κατὰ τὴν αἴσθησιν ἀναιρεῖν; ... (*kaì tôn phainoménon katà tèn aísthesin anaireîn;*). Ou seja, o fato de ignorar ou mesmo negar os dados proporcionados pela percepção sensorial.

546. Ver a *Física*, Livro VI, capítulos 1-2.

547. ...ἀδύνατον γὰρ ἀτόμων ὄντων τῶν στοιχείων μεγέθει καὶ μικρότητι διαφέρειν ἀέρα καὶ γῆν καὶ ὕδωρ... (*adýnaton gàr atómon ónton tôn stoikheíon megéthei kaì mikróteti diaphérein aéra kaì gên kaì hýdor*). **Se os elementos são indivisíveis** significa o mesmo que dizer: **se existem átomos**.

548. Isto é, *vêm a ser por ação mútua*.

549. ...τὰ δὲ σχήματα πάντα σύγκειται ἐκ πυραμίδων: ... (*tà dè skhémata pánta sýgkeitai ek pyramídon*).

168 | DO CÉU

303b1 [pirâmides] retilíneas, e a esfera a partir de oito partes. No que toca
às formas, há necessariamente certos princípios. O número dos
princípios, um, dois ou mais, corresponde ao número de corpos
simples. Ademais, cada elemento é dotado de um movimento ca-
5 racterístico, e o corpo simples é dotado de um movimento simples,
além do que não é infinito o número dos movimentos simples, que
não são mais do que dois, e os lugares também não são infinitos;
resulta daí um número não infinito dos elementos.

5

Sendo o número dos elementos necessariamente limitado,
10 cabe-nos examinar se são mais de um ou um. Alguns supõem apenas um, *a água*,[550] *o ar*,[551] ou o *fogo*,[552] ou ainda algo *mais sutil do
que a água e mais denso do que o ar*[553] – de acordo com eles algo que,
sendo infinito, abarca *todos os mundos*.[554]

Bem, aqueles que fazem da água, do ar ou de algo mais sutil do
15 que a água e mais denso do que o ar esse único [elemento], e [en-
tendem] que tudo o mais é gerado a partir dele por condensação e
rarefação, estão criando insconscientemente algo que se distingue
do elemento e é anterior a ele. A geração a partir dos elementos
é – sustentam – uma *composição*, enquanto aquela para os elementos é uma *decomposição*.[555] Assim, conforme a ordem natural, é ne-

---

550. ...ὕδωρ, ... (*hýdor,*). Tales de Mileto foi o primeiro a supô-lo.

551. ...ἀέρα, ... (*aéra,*). Tanto Anaxímenes de Mileto quanto Diógenes de Apolônia.

552. ...πῦρ, ... (*pŷr,*). A começar por Heráclito de Éfeso.

553. ...δ΄ ὕδατος μὲν λεπτότερον ἀέρος δὲ πυκμότερον, ... (*d' hýdatos mèn leptóteron aéros dè pykmóteron*).

554. ...πάντας τοὺς οὐρανοὺς... (*pántas toỳs oyranoỳs*). Concepção atribuída, apesar do questionamento dos eruditos, originalmente sobretudo a Anaximandro de Mileto.

555. As noções que Aristóteles deseja veicular com os termos σύνθεσις (*sýnthesis*), composição, e διάλυσις (*diálysis*), decomposição, também podem ser compreendidas pelos nossos pares (respectivamente) *combinação* e *dissociação*, e mesmo *agregação* e *desagregação*.

LIVRO III | 169

cessariamente anterior aquilo que é constituído por partículas mais
20 sutis. A considerar que, segundo consenso entre eles, o mais sutil de
todos os corpos é o fogo, cabe a ele ser primário na ordem natural.
De fato, não importa ser ele ou não: o necessário é a condição de
primário ser de um corpo que não seja o intermediário.

Ademais, como identificam sutil com raro, e denso com espesso, conceber a geração por condensação e rarefação equivale precisamente a concebê-la por afinamento (sutilização) e espessamento.
25 Conceber, porém, a geração (o vir a ser) desse modo, isto é, por
afinamento e espessamento, corresponde, por sua vez, a atribuir [a
geração] à grandeza e à pequenez, visto que o fino (sutil) é o constituído por *pequenas partes*,[556] ao passo que o espesso é o constituído
por *grandes partes*,[557] isso ao constatarmos que fino (sutil) denota o
estendido numa área ampla, o que caracteriza aquilo que é constituído por partes pequenas. O que se acaba por concluir é que fazem
30 da grandeza e da pequenez o critério para distinção das substâncias
[diferentes da primária]. Com base em tal critério, entretanto, toda
a nomenclatura torna-se necessariamente relativa, não se podendo
dizer em termos absolutos de uma coisa que ela é fogo, de outra
que é água, de outra que é ar, porém uma mesma coisa é fogo rela-
304a1 tivamente a isso, ao passo que é ar relativamente àquilo; a situação
dos que sustentam *a pluralidade dos elementos*,[558] declarando que
são diferentes em função da grandeza e da pequenez, é a mesma.
Considerando-se que é a quantidade que os distingue individualmente, impõe-se a necessidade de existir nessas grandezas uma *re-*
5 *lação recíproca*[559] e, consequentemente, [as coisas[560]] que encerram
essa relação recíproca são necessariamente o ar, o fogo, a terra e a
água, podendo-se observar que as relações são encontráveis quer
entre os corpos maiores quer entre os menores.

---

556. ...μικρομερές, ... (*mikromerés,*).

557. ...μεγαλομερές... (*megalomerés*).

558. ...τοῖς πλείω μὲν τὰ στοιχεῖα... (*toîs pleío mèn tà stoikheîa*), ou seja, aqueles que
sustentam que existe mais de um elemento.

559. ...λόγος πρὸς ἄλληλα... (*lógos pròs állela*).

560. Ou: *os corpos*.

170 | DO CÉU

Quanto aos que supõem o fogo como sendo o elemento [único], embora escapem dessas dificuldades, caem inevitavelmente em
10 outras situações absurdas. Há os que atribuem ao fogo uma forma, como é o caso dos que fazem dele uma pirâmide, argumentando simplesmente,[561] a favor disso, ser a pirâmide, entre as figuras, a mais penetrante, tal como o fogo é, entre os corpos, o mais penetrante. Outros apresentam um argumento mais engenhoso, afirmando que, uma vez que todos os corpos são compostos a partir do
15 mais sutil e *as figuras sólidas a partir das pirâmides*,[562] considerando que o fogo é, entre os corpos, o mais sutil, a pirâmide, entre as figuras, é a que possui *as menores partes e primária*,[563] e como a figura primária tem a ver com o corpo primário, conclui-se que o fogo tem forma piramidal. Há outros que, omitindo a questão da forma, se limitam a afirmar que é [o corpo] detentor das partes mais sutis;
20 a geração (vir a ser) dos demais [corpos] seria – dizem – a partir da aglomeração de tais partes, *como cinzas sopradas juntas*.[564]

Uns e outros se sujeitam a idênticas objeções. Se fazem do corpo primário algo *indivisível*,[565] toparão com nossos prévios argumentos refutando sua hipótese. Num caso ou outro essa teoria é insustentável, se quisermos investigar como filósofos da natureza.[566] Se
25 todos os corpos são quantitativamente comparáveis, e as grandezas das homeomerias entre si, bem como as dos elementos, possuem uma proporção (como, por exemplo, o todo da água corresponde

---

561. ...ἁπλουστέρως... (*haploystéros*), rudimentarmente, mas o viés de Aristóteles é decerto para *ingenuamente, tolamente*.

562. ...τὰ δὲ σχήματα τὰ στερεὰ ἐκ των πυραμίδων, ... (*tà dè skhémata tà stereà ek ton pyramídon*).

563. ...μικρομερέστατον καὶ πρῶτον, ... (*mikromeréstaton kaì prôton,*). Embora Allan, diferentemente de Bekker e Guthrie, registre λεπτομερέστατον (*leptomeréstaton*) [as partes mais finas], em lugar de μικρομερέστατον (*mikromeréstaton*), a ideia expressa parece ser a mesma.

564. ...καθάπερ ἂν εἰ συμφυσωμένου ψήγματος. ... (*katháper àn ei symphysoménoy psêgmatos.*). Como ψῆγμα (*psêgma*), nominativo singular, significa também, entre outras coisas, pó de ouro, caberia também traduzirmos assim: ...como partículas de pó de ouro a serem fundidas juntas... . Uma analogia ou outra serve ao mesmo propósito de Aristóteles.

565. ...ἄτομον... (*átomon*).

566. Ou, em outras palavras, essa teoria se opõe aos fatos observados da natureza.

LIVRO III | 171

ao todo do ar e seus elementos guardam correspondência entre si,
o mesmo valendo para todos os demais); e se a quantidade de ar é
30   maior do que a de água e, em geral, existe mais [corpo] de partes
mais finas do que [corpo] de partes mais espessas, impõe-se a evidência de o elemento de água ser menor do que o de ar. A conclusão, se admitirmos que a grandeza menor está contida na maior,
304b1   é que o elemento de ar é divisível. Igualmente no que se refere ao
elemento de fogo e aos [corpos] que, em geral, são os mais sutis.
Entretanto, se supormos ser esse [elemento] *divisível*,[567] acontecerá
de aqueles que conferem uma forma ao fogo declararem que *a parte
do fogo não é fogo*,[568] tal como a pirâmide não é composta de pirâmi-
5   des; adicionalmente, que nem todo corpo é ou elemento ou constituído a partir de elementos (porquanto a parte do fogo não é nem
fogo nem outro elemento). Quanto, por outro lado, àqueles que
se baseiam na grandeza para estabelecer a distinção, são obrigados
a admitir a existência de um elemento anterior ao seu elemento *e
assim prosseguir indefinidamente adiante*,[569] na medida em que a di-
10   visibilidade diz respeito a todo corpo e o elemento é aquele de menores partes. Ademais, serão também levados a dizer que o mesmo
[corpo] é fogo relativamente a alguma coisa, que é ar relativamente
a uma outra, e água ou terra relativamente a outras.

O erro comum em que incorrem todos os que supõem um único elemento consiste em admitirem um único movimento natural
idêntico para todas as coisas. *Observamos, com efeito, que todo corpo natural possui um princípio de movimento.*[570] Ora, se todos os
15   corpos são um, todos terão um único movimento; este necessariamente aumentará para os corpos em razão da quantidade do corpo,
como é o caso do fogo: quanto maior for sua quantidade, maior
será a velocidade de seu movimento ascendente. Entretanto, na
realidade, há muitas coisas que realizam o movimento descendente

---

567. ...διαιρετόν, ... (*diairetón*).

568. ...μὴ εἶναι τὸ τοῦ πυρὸς μέρος πῦρ... (*mè eînai tò toŷ pyròs méros pŷr*).

569. ...καὶ τοῦτ᾽ εἰς ἄπειρον βαδίζειν, ... (*kaì toŷt' eis ápeiron badízein*). Literalmente:
...*e assim caminhar ao infinito.*

570. ...ὁρῶμεν γὰρ πᾶν τὸ φυσικὸν σῶμα κινήσεως ἔχον ἀρχήν. ... (*horômen gàr pân
tò physikòn sôma kinéseos ékhon arkhén.*).

172 | DO CÉU

com maior velocidade em função de sua maior quantidade. Considerando essas razões, a se somarem à multiplicidade dos movimen-
20 tos naturais que estabelecemos anteriormente, ressalta evidente a
impossibilidade da existência de um único elemento. E não sendo
eles nem em número infinito, nem existindo um único, inferimos
que são multiplos, mas em número limitado.

6

CABE-NOS, PRIMEIRAMENTE, investigar se eles são eternos ou são
gerados (vêm a ser) e perecem (cessam de ser). De fato, o esclare-
25 cimento, no que diz respeito ao seu número e às suas qualidades,
dependerá de uma demonstração nesse sentido.

Que sejam eternos é impossível. Com efeito, podemos observar
a decomposição do fogo, da água e de cada um dos corpos simples.
É necessário que essa decomposição seja infinita ou cesse em algum
ponto. Se for infinita, o tempo despendido pela decomposição também o será, bem como aquele da composição;[571] a decomposição e
30 a composição de cada parte ocorrem em tempos distintos. Existirá,
portanto, um outro tempo infinito, independentemente do primeiro, toda vez que ocorrer de o tempo de composição ser infinito e
houver anterioridade de um tempo de decomposição em relação a
ele. Concluir-se-ia pela geração de um infinito, independentemen-
305a1 te de um outro infinito. Isso é impossível. Na suposição de que a
decomposição cesse em algum ponto, o corpo em que ocorrer sua
cessação será indivisível ou, se for divisível, o será, como parece que
Empédocles queria dizer, ou seja, divisível, mas jamais será dividido.
Nossos argumentos anteriores mostram que não há possibilidade de
5 que seja indivisível; mostram, ademais, que não é possível que, sendo divisível, jamais possa ser decomposto. Um corpo menor é *mais
suscetível de corrupção*[572] do que um maior. Conclui-se disso que se

---

571. Ver nota 555.

572. ...εὐφθαρτότερόν... (*eyphthartóterón*).

LIVRO III | 173

o [corpo] grande sofre essa corrupção, sendo decomposto em [corpos] menores, é inteiramente razoável que o menor também a sofra.

Pode-se constatar de duas maneiras o perecimento (corrupção, ces-
10 sar de ser) do fogo: pode ser extinto sob a ação de um seu oposto,[573] ou perecer por sua própria ação, ou seja, apagar-se. A quantidade menor sofre a ação da maior e, quanto menor for, mais depressa a sofrerá. Os elementos dos corpos, assim, estão necessariamente submetidos à corrupção (cessar de ser) e à geração (vir a ser).

Sua geração (vir a ser), uma vez que estão submetidos à gera-
15 ção, é a partir do incorpóreo ou a partir do corpóreo, e se partir do corpóreo é a partir de um [corpo] diferente ou com base na reciprocidade. A teoria que sustenta que são gerados a partir do incorpóreo não prescinde de um *vazio separado*.[574] Com efeito, tudo que vem a ser, vem a ser em alguma coisa, e aquilo em que ocorre seu vir a ser (geração) é uma de duas coisas: incorpóreo ou possui cor-
20 po; se possui corpo, teríamos uma situação em que existiriam dois corpos concomitantemente no mesmo lugar, a saber, aquele que está sendo gerado *e aquele que existe antes*;[575] se incorpóreo, existe necessariamente um vazio separado. Mas foi demonstrado anteriormente ser isso impossível. Tampouco é possível a geração (vir a ser) dos elementos a partir de algum corpo. Isso significaria *outro corpo de existência anterior à dos elementos*;[576] ele mesmo seria um
25 dos elementos, na hipótese de possuir peso ou leveza, enquanto, se for destituído de qualquer *impulso*,[577] *será imóvel e matemático*.[578] Neste caso não estará em espaço algum. Quanto a estar em repouso, isso tornaria seu movimento [no espaço] possível. Se mediante

---

573. A água (ὕδωρ [*hýdor*]), por exemplo.

574. ...ἀφωρισμένον κένον. ... (*aphorisménon kénon.*): Allan e Guthrie. Bekker registra ...γεννώμενον... (*gennómenon*), gerado. Parece-nos que a consistência interna do texto justifica a leitura de Allan e Guthrie, que acatamos.

575. ...καὶ τὸ προϋπάρχον. ... (*kaì tò proüpárkhon*).

576. ...ἄλλο σῶμα πρότερον εἶναι τῶν στοιχείων... (*állo sôma próteron eînai tôn stoikheíon*).

577. ...ῥοπὴν... (*ropèn*).

578. ...ἀκίνητον ἔσται καὶ μαθηματικόν. ... (*akineton éstai kaì mathematikón.*). A analogia de Aristóteles é com as figuras planas da matemática, como o ponto, a linha e a superfície.

174 | DO CÉU

a imposição de uma força, de modo antinatural; se não mediante a imposição de uma força, de modo natural. Assim, o fato de ocupar espaço em algum ponto significa que será um dos elementos; se não
30 ocupar, nenhuma coisa será dele gerada, uma vez que estar juntos constitui uma necessidade para aquilo que é gerado (vem a ser) e aquilo a partir do que é gerado (vem a ser). A suposição da geração (vir a ser) mútua dos elementos é o que nos resta ao constatarmos a impossibilidade de sua geração a partir do incorpóreo ou de um corpo diferente.

7

COMPETE-NOS, PORTANTO, voltar à questão e indagar como ocorre essa *geração mútua*,[579] se é segundo o que dizem Empédocles e Demócrito, ou de acordo com aqueles que realizam a decomposi-
305b1 ção de superfícies, ou conforme algum outro modo.

Da parte dos seguidores de Empédocles e Demócrito, há uma incapacidade de perceber, no âmbito de sua própria teoria, que tudo que conseguem alcançar é uma *ilusão da geração*,[580] não a geração mútua. Sustentam que cada [elemento] existe dentro de algo e se separa, como se a geração surgisse *a partir de um recipiente*,[581] e
5 não a partir de alguma matéria, nem se tornasse transformação. A admissão disso não impediria o irracional das consequências. Não se observa, de fato, que a compressão produz aumento de peso de uma mesma grandeza. É necessariamente o que afirmam aqueles que declaram que a água já existe no ar e que procede dele por
10 separação. A realidade indica que a água a partir do ar é mais pesada do que ele. Ademais, por ocasião de sua dissociação, o corpo [antes] associado numa combinação nem sempre necessariamente ocupa um espaço mais amplo do que o ocupado [anteriormente]

---

579. ...ἀλλήλων γενέσεως, ... (*allélon genéseos,*), ou seja, o vir a ser dos elementos uns dos outros.

580. ...φαινομένην γένεσιν... (*phainoménen génesin*).

581. ...ἐξ ἀγγείου... (*ex angeíoy*).

LIVRO III | 175

na combinação. No caso do ar gerado a partir da água, ele ocupará um espaço mais amplo; de fato, na qualidade de [corpo] formado de partes mais sutis, ele ocupa mais espaço. (Tal coisa é evidenciada toda vez que ocorre transformação. Toda vez que o líquido
15 converte-se em vapor, ocorre o arrebentamento dos recipientes que os contêm, por falta de espaço.) Supondo a absoluta inexistência do vazio e que – assim afirmam os propugnadores dessa teoria – os corpos não são capazes de expansão, torna-se evidente a impossibilidade do que sustentam. Por outro lado, mesmo *vazio e expansão*[582] sendo admissíveis, [conceber que o elemento] em processo de separação preencha necessariamente e sempre um espaço maior do
20 que aquele da combinação [em que estava associado), é irracional. Ademais, a geração mútua necessariamente atinge um fim, a não ser que uma grandeza limitada contivesse como preexistente uma infinidade de grandezas limitadas. *De fato, no caso da geração (vir a ser) da água a partir da terra, se a geração (vir a ser) foi por dissociação, algo foi subtraído da terra.*[583] A partir do que resta, o processo
25 se repete igualmente. Supondo a perpetuidade desse processo, concluiríamos pela existência de infinitos num limitado; ora, diante da impossibilidade disso, não pode existir geração mútua perpétua.

Vimos, assim, que a dissociação (separação) não produz a transição entre si [dos elementos]. Resta a *geração (vir a ser) por mútua transformação.*[584] Isso ocorre de duas maneiras, a saber, *mudança de*
30 *forma*,[585] como no caso de uma esfera e de um cubo, os quais podem ser formados a partir de um idêntico pedaço de cera, ou *decomposição em superfícies*,[586] como alguns defendem. No caso da geração (vir a ser) por mudança de forma, seria imperioso declararmos que os corpos são indivisíveis; se fossem divisíveis, uma parte do fogo não seria fogo, nem uma parte da terra, terra, porquanto a parte da

---

582. ...κενὸν καὶ ἐπέκτασις... (*kènon kaì epéktasis*).

583. ...ὅταν γὰρ ἐκ γῆς ὕδωρ γένηται, ἀφῄρηταί τι τῆς γῆς, εἴπερ ἐκκρίσει ἡ γένεσις... (*hótan gàr ek gês hýdor génetai, aphéiretaí ti tês gês, eíper ekkrísei he génesis*).

584. ...ἄλληλα μεταβάλλοντα γίγνεσθαι. ... (*állela metabállonta gígnesthai.*).

585. ...μετασχηματίσει, ... (*metaskhematísei,*).

586. ...διαλύσει τῇ εἰς τὰ ἐπίπεδα, ... (*dialýsei têi eis tà epípeda,*).

176 | DO CÉU

35 pirâmide não é completamente pirâmide, bem como a do cubo não
306a1 é completamente cubo. No que se refere à decomposição por superfícies (planos), em primeiro lugar vemo-nos diante do absurdo de
negar, como esses senhores são obrigatoriamente levados a negar e
realmente o fazem, que todos os elementos são gerados uns a partir
dos outros. Não é razoável, também, que apenas um [elemento] seja
excluído da geração por transformação, bem como não é o revelado
5 pela percepção sensorial, mas sim que *igualmente todos se transfor-
mam entre si*.[587] Ao falarem dos fenômenos, dizem coisas que entram em conflito com os fenômenos. O que o causa é conceberem
equivocadamente[588] os *primeiros princípios*,[589] movidos pela vontade de tudo reportar a algumas determinadas opiniões. É provável,
incontestavelmente, que os princípios das coisas sensíveis sejam
10 sensíveis, enquanto os das coisas eternas, eternos, e os das coisas corruptíveis, corruptíveis, isto é, de modo geral o princípio é do mesmo
gênero do que a ele está submetido. Todavia, o *amor*[590] que devotam
às suas teorias os faz se conduzirem como os defensores de uma tese
num debate; presos à convicção da verdade de seus princípios, não
se atêm aos fatos, como se houvessem princípios que não são para
15 ser julgados a partir de suas consequências e, principalmente, em
função de seu *fim*.[591] *Esse fim é aquele que, para a ciência produtiva,
é o produto (obra), enquanto para a filosofia da natureza (física) são
os fenômenos contínuos e soberanos da percepção sensorial.*[592] Segundo

---

587. ...ὁμοίως πάντα μεταβάλλειν εἰς ἄλληλα. ... (*homoíos pánta metabállein eis állela*).
Observe-se que Aristóteles está se referindo nestas últimas linhas a dois processos
distintos da geração (vir a ser) dos elementos. Este último é a geração por transformação mútua, que não deve ser confundido com aquele da geração mútua; neste,
um elemento nasce (vem a ser) a partir de um outro e vice-versa, isto é, ocorrem
mútuas derivações; naquele, um elemento se transforma em outro e vice-versa,
não há originação, mas transmutação.

588. ...μὴ καλῶς... (*mè kalôs*), não corretamente.

589. ...πρώτας ἀρχάς, ... (*prótas arkhás*).

590. ...φιλίαν... (*philían*).

591. ...τέλους. ... (*téloys.*).

592. ...Τέλος δὲ τῆς μὲν ποιητικῆς ἐπιστήμης τὸ ἔργον, τῆς δὲ φυσικῆς τὸ φαινόμενον
ἀεὶ κυρίως κατὰ τὴν αἴσθησιν. ... (*Télos dè tês mèn poietikês epistémes tò érgon,
tês dè physikês tò phainómenon aeì kyríos katá tèn aísthesin.*). Na classificação
das ciências (disciplinas filosóficas), segundo Aristóteles, a ciência produtiva

LIVRO III | 177

eles, o que temos a concluir é que a terra é o elemento de maior excelência e apenas ela é incorruptível, a supormos a incorruptibilidade daquilo que não está sujeito à decomposição e é elemento. De 20 fato, exclusivamente a terra não é decomponível em outro corpo. Entretanto, há algo que não é razoável no âmbito da decomposição, nomeadamente a eliminação dos triângulos. É o que ocorre quando da transição recíproca [dos elementos], considerando-se que cada um não é composto de idêntica quantidade de triângulos. Outra consequência inevitável do que dizem é a geração (vir a ser) não se produzir a partir do corpo. De fato, se alguma coisa foi gerada (veio 25 a ser) a partir de superfícies, não foi gerada (veio a ser) a partir de um corpo. Ademais, são obrigados a declarar que nem todo corpo é divisível, o que os faz entrar em conflito com *as mais exatas das ciências*.[593] O próprio *inteligível*[594] é para as matemáticas divisível, enquanto eles, no desejo de preservar sua hipótese, negam a divisi-30 bilidade até do *sensível*.[595] De fato, na medida em que atribuem necessariamente uma figura a cada um dos elementos, e o tendo como fator diferenciador das substâncias, acabam por se ver obrigados a torná-los *indivisíveis*.[596] Com efeito, a pirâmide ou a esfera, se divididas, delas restará algo que não é esfera ou pirâmide. Então *ou* uma parte do fogo não é fogo e existirá algo anterior ao elemento, *visto* 306b1 *que tudo é elemento ou composto a partir de elementos,*[597] *ou* nem todo corpo é divisível.

(ou *poiética*) – diferentemente da ciência especulativa (ou contemplativa), θεωρητικός ἐπιστήμη (*theoretikós epistéme*), exemplos: física e metafísica, e da ciência prática (ou da *praxis*), πραγματικός ἐπιστήμη (*pragmatikós epistéme*), de que constituem exemplos a ética e a política, que se esgotam e se realizam respectivamente na especulação (*theoria*) e na ação (*praxis*) – conduz à produção de algo externo a ela mesma (o produto ou obra). Alguns exemplos são a medicina (que produz a saúde), a construção (que produz a casa ou a embarcação), a escultura (que produz a estátua) e a poesia (que produz o poema).

593. ...ταῖς ἀκριβεστάταις ἐπιστήμαις... (*taîs akribestátais epistémais*), ou seja, as matemáticas.

594. ...νοητὸν... (*noetòn*).

595. ...αἰσθητὸν... (*aisthetòn*).

596. ...ἀδιαίρετα... (*adiaíreta*).

597. ...διὰ τὸ πᾶν εἶναι ἢ στοιχεῖον ἢ ἐκ στοιχείων, ... (*dià tò pân eînai è stoikheîon è ek stoikheíon,*).

178 | DO CÉU

8

É ABSOLUTAMENTE *IRRACIONAL*[598] tentar conferir uma forma aos corpos simples, para começar porque isso não resultará no preenchi-
5 mento do todo [do espaço]. No que toca às superfícies (planos) se aceita que existem três figuras [geométricas] que preenchem o espaço [que as encerra]; são elas: *o triângulo, o quadrado e o hexágono.*[599] Quanto aos sólidos, existem apenas duas: *a pirâmide e o cubo.*[600] Como, porém, reconhecem uma quantidade maior de elementos, é necessário para eles algo mais [do que esse número de figuras]. Acrescente-se que é evidente que é o espaço em que estão contidos
10 que determina a forma de todos os corpos simples, principalmente a água e o ar. Torna-se, portanto, impossível a persistência da forma do elemento, pois se fosse possível, não ocorreria contato contínuo do seu todo em toda parte com aquilo que o contém. No caso de sua própria alteração, não será mais água, uma vez que era sua forma que a distinguia. As formas [dos elementos] – conclui-se claramente – não são determinadas. Por outro lado, parece como se
15 a própria natureza estivesse a nos apontar o que a *razão*[601] conclui. Como em todos os demais casos, *o substrato é destituído de forma e de configuração.*[602] Como se diz no *Timeu,*[603] *o receptáculo de tudo*[604] estará o melhor capacitado a *modelar-se.*[605] Conclusão: seria o caso de

---

598. ...ἄλογόν... (*álogon*).

599. ...τρίγωνον καὶ τετράγωνον καὶ ἑξάγωνον. ... (*trígonon kaì tetrágonon kaì exágonon.*), ou seja, respectivamente as figuras planas de três ângulos, quatro ângulos e seis ângulos.

600. ...πυραμὶς καὶ κύβος... (*pyramìs kaì kýbos*).

601. ...λόγον... (*lógon*).

602. ...ἀειδὲς καὶ ἄμορφον δεῖ τὸ ὑποκείμενον εἶναι... (*aeidès kaì ámorphon deî tò hypokeímenon eînai*).

603. Platão, *Timeu*, 51a.

604. ...τὸ πανδεχές... (*tò pandekhés*).

605. ...ῥυθμίζεσθαι. ... (*rythmízesthai.*), genérica e literalmente organizar-se, dispor-se segundo intervalos regulares. Mas aqui o sentido do verbo ῥυθμίζω (*rythmízo*) é muito restrito e específico, inserindo-se no contexto da teoria platônica exposta no *Timeu*, para o qual endereçamos o leitor, mais especialmente 50a-51b.

20 considerar os elementos como sendo a matéria dos compostos. A sua capacidade[606] de mútua transformação, com a perda de suas propriedades, também tem aí a sua explicação. Como é possível, ademais, que a carne, o osso ou qualquer outro corpo contínuo sejam gerados? Nem é possível que isso ocorra a partir dos próprios elementos,
25 visto que de sua composição nada contínuo é gerado, nem tampouco a partir da composição de superfícies (planos). De fato, essa composição gera os elementos, porém não aquilo composto a partir dos elementos. Assim, se quisermos refletir com precisão e nos negarmos a aceitar descuidadamente teorias desse tipo, perceberemos que a geração (o vir a ser), segundo elas, é banida *dos seres.*[607]

30 Ademais, inclusive do prisma das propriedades, faculdades e movimentos (objeto de especial atenção da parte deles), há desacordo entre formas e corpos. Por exemplo, uns fizeram do fogo uma esfera, outros uma pirâmide por *ser facilmente móvel, gerador de calor e combustível.*[608] Trata-se, realmente, e assim o consideraram, das [formas] mais móveis; de fato, possuem, para contato, o mínimo de
307a1 pontos e sua estabilidade é ínfima; sua capacidade como geradoras de calor e de combustão é a maior, isto porque uma é toda angular, enquanto a outra possui os ângulos mais agudos; são seus ângulos, conforme dizem, que têm a ver com queimar e aquecer.

Uns e outros incorrem em erro, para começar, quanto ao movimento.
5 mento. Mesmo que tais *formas*[609] fossem as dotadas da maior facilidade de movimento, isso não se deve ao fácil movimento do fogo; de fato, essas formas coadunam-se com o movimento circular (o que denominamos *rotação*[610]), enquanto o do fogo é numa reta e ascendente. Por conta de sua estabilidade e repouso, dizem que a terra é cúbica, mas seu repouso refere-se apenas ao lugar que lhe é
10 próprio, e não a qualquer lugar, afastando-se ela, inclusive, quando

---

606. Quer dizer, dos elementos.

607. ...τῶν ὄντων... (*tôn ónton*): é o que consta em Bekker, Guthrie, Allan e outros helenistas, mas a ideia é claramente *do mundo* ou *da realidade.*

608. ...εὐκίνητόν ἐστι καὶ θερμαντικὸν καὶ καυστικόν. ... (*eykínetón esti kaì thermantikòn kaì kaystikón.*).

609. ...σχημάτων... (*skhemáton*), ou seja, as formas da esfera e da pirâmide.

610. ...κύλισιν... (*kýlisin*).

180 | DO CÉU

não barrada, de outro lugar que lhe é estranho. Igualmente no que toca ao fogo e aos outros elementos, do que concluímos evidentemente que o fogo e cada um dos elementos serão esféricos ou piramidais no lugar que lhes é estranho, ao passo que serão cúbicos no lugar que lhes é próprio. Ademais, se o fato de o fogo aquecer e queimar se deve aos seus ângulos, todos os elementos, uma vez 15 que possuem ângulos, terão essa capacidade de aquecimento, ainda que provavelmente em graus diversos; constituem exemplos o octaedro e o dodecaedro. Segundo Demócrito, até mesmo a esfera é um ângulo, que *corta*[611] devido à sua fácil mobilidade. Haveria, nesse caso, uma diferença de grau, o que é obviamente falso. Se as- 20 sim fosse, a consequência seria até *corpos matemáticos*[612] queimarem e aquecerem; de fato, ângulos eles também os possuem, além de neles existirem *esferas e pirâmides indivisíveis*,[613] particularmente se existirem, como afirmam eles, grandezas indivisíveis. Se [algumas coisas] apresentam essas [propriedades], ao passo que outras não, seria de se esperar, da parte deles, a indicação de tal diferença, e não se limitarem simplesmente, como se limitam, a fazer uma afirmação. 25 Ademais, a hipótese da transformação daquilo que queima em fogo e de ser este esfera ou pirâmide conduz à conclusão de que aquilo que queima necessariamente torna-se esferas ou pirâmides. Poderíamos conceder que o poder de corte e de divisão ajusta-se racionalmente a uma forma. Mas daí afirmar que a pirâmide necessariamente produz pirâmides e a esfera produz esferas é algo completamente 30 irracional, tanto quanto como se afirmássemos que uma faca, ao cortar coisas, produz facas, e uma serra, ao serrá-las, produz serras. Que se acresça que a divisão não justifica por si só atribuir uma forma ao fogo, o que seria um procedimento ridículo. De fato, ele parece mais combinar e associar do que separar. *Separa, com efeito,* 307b1 *as coisas que não são da mesma classe, combina as da mesma classe.*[614]

---

611. ...τέμνει... (*témnei*), isto é, é um ângulo *agudo*.

612. ...μαθηματικὰ σώματα... (*mathematikà sómata,*).

613. ...ἄτομοι καὶ σφαῖραι καὶ πυραμίδες, ... (*átomoi kaì sphaîrai kaì pyramídes,*).

614. ...διακρίνει μὲν γὰρ τὰ μὴ ὁμόφυλα, συγκρίνει δὲ τὰ ὁμόφυλα. ... (*diakrínei mèn gàr tà mè homóphyla, synkrínei dè tà homóphyla.*).

LIVRO III | 181

E a combinação lhe *é essencial*[615] (são inerentes ao fogo associar e unir), ao passo que a separação (dissociação) lhe é *acidental*.[616] Ao combinar o que é de idêntica classe ele expulsa o que é estranho. Portanto, diante disso, ou seja, no caso de conferir-lhe uma forma, 5 seria forçoso considerar ambos os aspectos ou favorecer a capacidade de combinação. Que se acrescente que visto que o quente e o frio apresentam capacidades opostas, é impossível atribuir ao frio uma forma; de fato, o atribuído seria oposto, e não existe oposição entre uma forma e outra. Eis porque ao frio ninguém atribuiu uma forma. E, todavia, a determinação mediante formas deveria ser para 10 tudo ou para nada. Houve, por parte de alguns, o empenho quanto a explicar *o seu próprio poder*,[617] mas ao fazê-lo incorreram em contradição. Sustentam que o frio é o composto de grandes partes porque produz compressão e não atravessa os poros. É claro concluir disso que o que os atravessa é o quente, sempre composto de 15 partes pequenas. Resulta, assim, que quente e frio são distinguidos em função de pequenez e grandeza, e não em função de formas. Ademais, no caso da desigualdade de tamanho das pirâmides, as grandes não seriam ígneas, sua forma não sendo a causa da combustão, mas o contrário.

Evidencia-se do que foi exposto que a diferença dos elementos 20 não é determinada pelas formas. Como as mais importantes diferenças entre os corpos são as que dizem respeito às *propriedades que os afetam*,[618] funções e faculdades (afirmamos, com efeito, que existe para cada [coisa] natural suas funções, propriedades que as afetam e faculdades), é delas que devemos tratar primeiramente, depois do que poderemos captar as diferenças entre eles[619] individualmente.

---

615. ...καθ᾽ αὑτό ἐστι... (*kath'haytó esti*).
616. ...συμβεβηκός. ... (*symbebekós.*).
617. ...τῆς δυνάμεως αὐτοῦ... (*tês dynámeos aytoŷ*), isto é, o poder do frio.
618. ...πάθη... (*pàthe*).
619. Ou seja, os elementos ou corpos elementares: o fogo e o ar, a água e a terra.

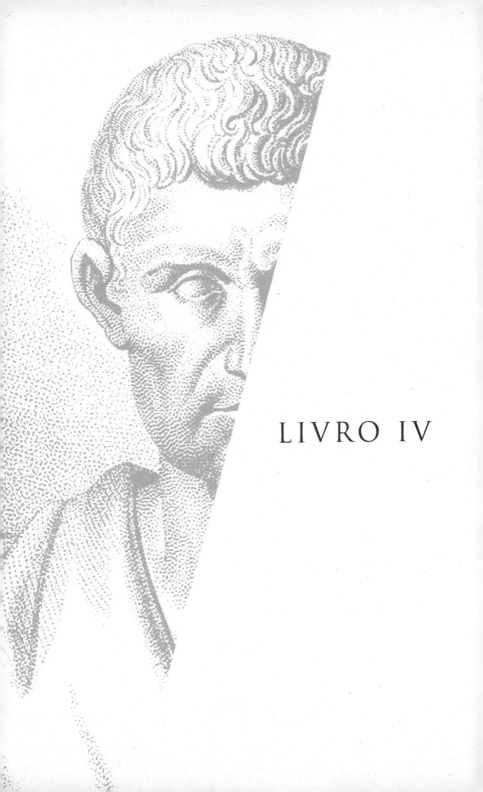

LIVRO IV

1

A RESPEITO DO PESADO E DO LEVE, cumpre examinar o que são
30 um e outro, sua natureza e a causa de suas potências. A especulação
dessas questões diz respeito propriamente às teorias sobre o movimento. De fato, quando classificamos algo de pesado ou leve, o
fazemos em função de sua potência para um movimento natural.
(Não há uma designação para os *atos*[620] correspondentes, a menos
308a1 que pensemos em *impulso*.[621]) Pelo fato de *a filosofia da natureza*[622]
ocupar-se do movimento, e considerando que eles próprios[623] possuem em si mesmos, por assim dizer, a *centelha do movimento*,[624] todos [os filósofos da natureza] se valeram de suas potências, embora
em poucos casos hajam delas apresentado uma definição.

5 Uma vez que tenhamos primeiramente verificado o que disseram os outros e, em seguida, exposto as questões cujo reconhecimento e tratamento são exigidos pelo assunto, passaremos a revelar
a nossa opinião acerca disso.

Dizemos pesado e leve quer *absolutamente*[625] quer *relativamente*.[626] De coisas que possuem peso declaramos ser uma mais leve,

---

620. ...ἐνεργείαις... (*energeíais*). Ver os conceitos em contraposição de δύναμις
(*dýnamis*), potência, e ἐνέργεια (*enérgeia*), ato, na *Física*.

621. ...ῥοπὴν... (*ropèn*), literalmente *impulso de cima para baixo*, o que implica em
peso. Ocioso dizer que Aristóteles desconhecia a lei da gravitação universal.

622. ...τὴν φυσικὴν... (*tèn physikèn*), ou seja, aquela ciência ou disciplina no seio da
filosofia que trata da natureza, o que, calcando o próprio termo grego, chamamos
de física.

623. A saber, o pesado e o leve.

624. ...ζώπυρ' ἄττα κινήσεως, ... (*zópyr' átta kinéseos,*).

625. ...ἁπλῶς... (*haplôs*).

626. ...πρὸς ἕτερον... (*pròs héteron*).

186 | DO CÉU

enquanto a outra é mais pesada; por exemplo, a madeira em relação
10 ao bronze. Nada disseram os nossos antecessores do sentido absoluto, tendo eles se ocupado apenas do sentido relativo. Nada dizem
sobre o que são o pesado e o leve, embora se refiram àquilo que é
mais pesado e àquilo que é mais leve, ao tratarem das coisas que
possuem peso. O que queremos dizer ficará mais claro na imediata sequência. Conforme sua natureza, há coisas cujo movimento é
15 sempre centrífugo, enquanto outras cujo movimento é sempre centrípeto. Digo das centrífugas que têm movimento ascendente, das
centrípetas que seu movimento é descendente. Negar, como alguns
o fazem, que existe *no mundo*[627] um *para cima* e um *para baixo* é
absurdo. Não existe um para cima e um para baixo – afirmam –
porque o mundo é semelhante em todas as suas partes, de modo
20 que cada um avançando [sobre a Terra] acabaria por atingir seus
próprios antípodas.[628] *Nós queremos dizer com para cima o extremo
do universo, o qual, do ponto de vista da posição, está acima, e daquele
da natureza, é primário.*[629] Se existe para *o mundo*[630] um extremo
e um centro, é evidente que existirá também um para cima e um
para baixo, como, a propósito, falam as pessoas ordinárias, ainda
25 que não adequadamente. A razão disso é suporem que o mundo
não é semelhante em todas suas partes e que o hemisfério acima de
nós é o único; a compreensão de que é idêntico ao redor de si e que
há uma igual relação do centro com todas os pontos [do extremo]
lhes possibilitaria reconhecer que o segundo[631] é o *acima* e o centro
o *abaixo*. Consequentemente, com *absolutamente leve*[632] queremos
dizer aquilo cujo movimento é ascendente (para cima) e na direção
do extremo; com *absolutamente pesado*[633] aquilo cujo movimento é

---

627. ...ἐν τῷ οὐρανῷ... (*en tôi oyranôi*).

628. Ver Platão, *Timeu*, 62c-63e.

629. ...ἡμεῖς δὲ τὸ τοῦ παντὸς ἔσχατον **ἄνω** λέγομεν, ὃ καὶ κατὰ τὴν θέσιν ἐστὶν ἄνω
καὶ τῇ φύσει πρῶτον. ... (*hemeîs dè tò toŷ pantòs éskhaton **áno** légomen, hò kaì
katà tèn thésin estìn áno kaì têi phýsei prôton*). Destaques nossos.

630. ...τοῦ οὐρανοῦ... (*toŷ oyranoŷ*).

631. Isto é, o extremo.

632. ...ἁπλῶς μὲν οὖν κοῦφον... (*haplôs mèn oŷn koýphon*).

633. ...βαρὺ δὲ τὸ ἁπλῶς... (*barỳ dè tò haplôs*).

30 descendente (para baixo) e na direção do centro. Quanto a leve e mais leve no sentido relativo, queremos dizer, no tocante a dois [corpos] de igual volume dotados de peso, aquele que, em relação ao outro, move-se naturalmente com maior velocidade para baixo.

2

NA MAIORIA, AQUELES QUE ANTES DE NÓS examinaram essas
35 questões limitaram-se ao sentido relativo do pesado e do leve, ou seja, tratando-se de dois corpos dotados de peso, constata-se se um
308b1 é mais leve do que o outro. Esse procedimento os levou a supor que haviam explicado também o leve e o pesado na acepção absoluta. Bem, sua explicação não se ajusta a esta última. À medida que avançarmos na exposição isso se mostrará claro.

Há os que falam *do mais leve e do mais pesado,*[634] como aparece
5 registrado no *Timeu,*[635] onde é entendido que a quantidade maior de partes idênticas determina o que é constituído como mais pesado, enquanto a quantidade menor delas determina aquilo que é constituído como mais leve, como diríamos de duas peças de chumbo ou de bronze que a maior é a mais pesada. Isso se aplica igualmente a cada um dos demais [corpos] homogêneos. A superioridade no tocante ao peso será encontrada, em cada caso, na su-
10 perioridade da quantidade de partes iguais. Afirmam o mesmo do chumbo e da madeira.[636] Embora a aparência não o indique, todos os corpos são constituídos desse mesmo [modo][637] e de uma única matéria. Com referência ao leve e ao pesado absoluto, contudo, nada nos é dito. Ora, o fogo é sempre leve e se move para cima,

---

634. ...τὸ κουφότερον καὶ βαρύτερον... (*tò koyphóteron kaì barýteron*), ou seja, do leve e do pesado em termos relativos.

635. *Timeu,* 63c.

636. Isto é, o fato de o chumbo (μόλιβδος [*mólibdos*], μόλυβδος [*mólybdos*]) ser mais pesado do que a madeira (ξύλον [*xýlon*]).

637. Ou seja, a partir de partes idênticas.

188 | DO CÉU

enquanto a terra e todas as coisas terrestres se movem para baixo
15 e de maneira centrípeta. Daí concluirmos que não é pelo fato de
serem poucos os triângulos responsáveis, segundo afirmam, pela
composição de cada um [dos corpos], que o movimento do fogo é
naturalmente ascendente. Se fosse esse o caso, uma quantidade superior teria uma velocidade ascendente menor, além de mostrar-se
mais pesada; de fato, é composta de um número maior de triângulos. Ora, o que a observação revela é o contrário: quanto mais
copioso ele[638] é, maior sua leveza, além de constatarmos a maior
20 celeridade de sua ascensão. E no caso de ele mostrar-se escasso no
movimento de cima para baixo, essa pouca quantidade será movida
mais velozmente do que uma copiosa. Ademais, sustentam em sua
teoria que é mais leve aquilo que possui uma quantidade inferior de
partes homogêneas, enquanto é mais pesado aquilo que as possui
em quantidade superior; *ar, água e fogo são constituídos a partir dos
mesmos triângulos*;[639] a diferença está na quantidade variável desses
25 triângulos, explicando assim a maior leveza de um elemento e o
maior peso de um outro, o que levaria a crer na possibilidade de
existir uma quantidade de ar mais pesada do que de água. É precisamente o contrário o que ocorre. De modo invariável, quanto maior
for a quantidade de ar, mais se moverá para cima, e de uma maneira
geral, qualquer porção de ar move-se para cima partindo da água.

Essa foi uma maneira de definir o leve e o pesado. Outros ti-
30 veram essa definição na conta de insuficiente, mas embora sejam
de uma época mais antiga que a atual,[640] trouxeram – admitimo-lo
– inovações no que respeita ao assunto. É evidente que há corpos
que, embora sejam de volume inferior a outros, são, a despeito disso, mais pesados. Patenteia-se, portanto, a insuficiência da declara-
35 ção de que [os corpos] com peso igual são constituídos de número
igual de partes primárias. Nesse caso, seriam iguais do ponto de
309a1 vista do volume. Tal afirmação soa absurda se a atribuirmos aos que
entendem que as superfícies (planos) são os constituintes primá-

---

638. Ou seja, o fogo.

639. ...ἀέρα δὲ καὶ ὕδωρ καὶ πῦρ ἐκ τῶν αὐτῶν εἶναι τριγώνων; ... (*aéra dè kaì hýdor kaì pŷr ek tôn aytôn eînai trigónon;*).

640. Século IV a.C.

LIVRO IV | 189

rios e indivisíveis dos corpos detentores de peso. Quanto aos que entendem que são os sólidos, estão em melhor situação para sustentar que entre esses sólidos o maior é o mais dotado de peso.[641] No que se refere, porém, aos [corpos] compostos, é visível que não se compatibilizam com essa regra; de fato, observa-se, no que respei-

5 ta a muitos deles, a superioridade de peso daquele de menor volume, como quando comparamos o bronze com a lã; assim, alguns avaliam e dizem ser distinta *a causa*.[642] Afirmam que o que torna os corpos mais leves é o vazio contido neles, o que explica porque um corpo maior é, por vezes, mais leve. Os corpos maiores contêm, de fato, mais vazio. E também possuem mais volume, ainda que possam muitas vezes ser compostos do mesmo número de só-

10 lidos, ou mesmo inferior. No geral e na totalidade dos casos a causa de uma coisa ser mais leve [relativamente a uma outra] é o grande vazio no interior dela. É assim que o expõem, mas é necessário acrescentar nesse caso que o fato de [um corpo] conter mais vazio não é suficiente para apresentar maior leveza, sendo também indispensável que contenha menos sólido. *Trata-se, com efeito, de uma*

15 *proporção em que, se for excedida, o mais leve não existirá mais.*[643] O fato de o fogo conter o máximo de vazio – afirmam – é razão de ser ele o mais leve [dos corpos]. Com base nessa explicação, consideraríamos que uma *grande quantidade de ouro*,[644] desde que contivesse mais vazio do que uma *pequena quantidade de fogo*,[645] seria mais leve do que esta última; ora, só poderíamos considerá-lo se acrescentássemos que a primeira tem também de conter, muitas vezes, mais sólidos. Deve-se, portanto, dizê-lo.

Aqueles que negam a existência do vazio distribuem-se em

20 dois grupos: alguns deles nada explicaram sobre o leve e o pesado,

---

641. Quer dizer, no que toca aos sólidos, pode haver uma relação ou proporção entre grandeza e peso.

642. ...τὸ αἴτιον... (*tò aítion*).

643. ...εἰ γὰρ ὑπερέξει τῆς τοιαύτης ἀναλογίας, οὐκ ἔσται κουφότερον. ... (*ei gàr hyperéxei tês toiaýtes analogías, oyk éstai koyphóteron.*), ou seja, se essa proporção não for atendida, não existirá mais a leveza relativa.

644. ...πολὺν χρυσὸν πλεῖον... (*polỳn khrysòn pleîon*).

645. ...μικροῦ πυρὸς... (*mikroŷ pyròs*).

como Anaxágoras e Empédocles; outros, embora o tenham explicado, negando taxativamente a existência do vazio, nada explicaram acerca da razão da leveza ou peso absolutos dos corpos e sobre aquela de os leves moverem-se invariavelmente de maneira ascendente, enquanto os pesados de maneira descendente. Tampouco se ocuparam da questão ligada ao fato de que alguns corpos, ainda que de maior volume do que outros são mais leves do que estes últimos; é claramente difícil, ademais, conciliar o que dizem com os fenômenos observados. Topam, contudo, inevitavelmente com idênticas dificuldades os que atribuem a leveza do fogo à maior quantidade de vazio nele contida. Comparativamente a outros corpos, é de se presumir que contenha menos sólido e mais vazio. De uma outra maneira, entretanto, existirá uma *quantidade de fogo na qual o sólido e o pleno excederão os sólidos contidos numa certa quantidade pequena de terra.*[646] E se nos disserem que também o vazio é excessivamente copioso, como explicarão *o pesado absoluto?*[647] Deve ser porque ele possui grande quantidade de sólido ou pouca de vazio. Se a primeira resposta é a deles, teremos que conceber uma quantidade tão ínfima de terra a ponto de o sólido nela contido ser uma quantidade inferior ao de uma grande quantidade de fogo. Analogamente, se optarem por uma definição por referência ao vazio, existirá alguma coisa mais leve do que *o leve absoluto,*[648] a qual se move sempre de maneira ascendente, ainda que aquela se mova sempre de maneira descendente. Isso é impossível. De fato, o leve absoluto é sempre mais leve do que aquilo que possui peso e tem movimento descendente, embora o relativamente leve prescinda de o ser absolutamente por conta de classificarmos algo como mais leve do que outra coisa, mesmo no caso dos corpos pesados, como água e terra.[649] Entretanto, a dificuldade que agora enfrentamos não é superada pelo estabelecimento de uma relação propor-

---

646. ...πυρὸς πλῆθος ἐν ᾧ τὸ στερεὸν καὶ τὸ πλῆρες ὑπερβάλλει τῶν περιεχομένων στερεῶν ἔν τινι μικρῷ πλήθει γῆς. ... (*pyròs plêthos en hôi tò stereòn kaì tò plêres hyperbállei tôn periekhoménon stereôn en tini mikrôi pléthei gês.*).

647. ...τὸ ἁπλῶς βαρύ... (*tò haplôs barý*).

648. ...τοῦ ἁπλῶς κούφου... (*toŷ haplôs koýphoy*).

649. Ou seja, classificamos a água como mais leve do que a terra.

LIVRO IV | 191

10 cional entre o vazio e o pleno. Esse seu discurso não impedirá que topem igualmente com o impossível. Ainda que as proporções de vazio e sólido entre uma grande quantidade de fogo e uma pequena sejam idênticas, o movimento ascendente da grande quantidade apresenta maior velocidade do que o da pequena; de maneira análoga, o movimento descendente de uma quantidade maior de ouro ou de chumbo é mais veloz do que o da pequena, ocorrendo 15 o mesmo com referência a cada um dos outros [corpos] dotados de peso. Contudo, se a diferença entre pesado e leve é definida como dizem, não é isso que deveria ocorrer. É absurdo, também, conceber que o vazio seja a causa do movimento ascendente [dos corpos], e que não o seja dele próprio. Supondo, por outro lado, que *o vazio se mova naturalmente para cima e o pleno para baixo*[650] – o 20 que faria deles as causas de cada um desses movimentos nos outros [corpos] –, o problema que requeria exame não era o dos [corpos] compostos, nem o da razão de certos corpos serem leves, ao passo que outros são pesados, mas sim aquele do pleno e do vazio, a saber, porque um apresenta leveza e o outro peso, além de descobrir a causa de não estarem dissociados. *Também é irracional produzir um* 25 *lugar para o vazio, como se ele próprio não fosse um tipo de lugar.*[651] *Se o vazio se move, deve necessariamente existir para si próprio algum lugar de partida e de destinação de seu movimento.*[652] Ademais, qual é a causa do movimento? Não é possível que seja o vazio. Este, com efeito, não detém a exclusividade do movimento, porquanto também o sólido está em movimento.

Aqueles que concebem a distinção de outro modo, ou seja, 30 atribuindo o peso e a leveza relativos [dos corpos] à *grandeza e pequenez*,[653] ou recorrem a qualquer outra explicação, mas num

---

650. ...τὸ μὲν κενὸν ἄνω πέφυκε φέρεσθαι, κάτω δὲ τὸ πλῆρες, ... (*tò mèn kenòn áno péphyke phéresthai, káto dè tò plêres*).

651. ...ἄλογον δὲ καὶ τὸ χώραν τῷ κενῷ ποιεῖν, ὥσπερ οὐκ αὐτὸ χώραν τινὰ οὖσαν... (*álogon dè kaì tò khóran tôi kenôi poieîn, hósper ouk autò khóran tinà oûsan*).

652. ...ἀναγκαῖον δ', εἴπερ κινεῖται τὸ κενόν, εἶναι αὐτοῦ τινα τόπον, ἐξ οὗ μεταβάλλει καὶ εἰς ὄν. ... (*anagkaîon d', eíper kineîtai tò kenòn, eînai aytoŷ tina tópon, ex hoŷ metabállei kaì eis hón.*).

653. ...μεγέθει καὶ σμικρότητι... (*megéthei kaì smikróteti*).

192 | DO CÉU

caso e outro supondo uma matéria única e idêntica para todos [os corpos], ou mais de uma, mas sem contrários, topam com os mesmos embaraços. A existência de uma única matéria determinará a inexistência do pesado e leve absolutos, como no caso daqueles que compõem as coisas a partir de triângulos. Na suposição de que [a matéria] consista de contrários, como no caso o vazio e o pleno, não existirá razão alguma para os intermediários entre [os corpos] absolutamente pesados e absolutamente leves serem mais pesados ou mais leves na sua relação mútua e relativamente aos absolutos. Atribuir a distinção à grandeza e à pequenez parece menos convincente que as concepções anteriores, ainda que lhe seja possível distinguir entre cada um dos quatro elementos, ficando assim melhor ao abrigo de tais dificuldades. Todavia, o destino inevitável dessa concepção é o mesmo daquela da singularidade da matéria, porquanto confere uma natureza única aos [corpos] diferentes do ponto de vista do tamanho; segundo ela, não existe nada que seja absolutamente leve e que realize o movimento ascendente, entendendo-se que o leve é o que permanece atrás ou que é constrangido, e muitos pequenos [corpos] são dotados de mais peso do que alguns poucos grandes. Isso nos permitiria concluir que *uma grande quantidade de ar **ou** uma grande de fogo é mais pesada do que uma pequena de água **ou** de terra.*[654] Ora, isso é impossível.

Eis aí, portanto, o que sustentaram os outros e como o expressaram.[655]

---

654. ...πολὺν ἀέρα <u>καὶ</u> πολὺ πῦρ ὕδατος εἶναι βαρύτερα <u>καὶ</u> γῆς ὀλίγης. ... (*polỳn aéra <u>kaì</u> polỳ pŷr hýdatos eînai barýtera <u>kaì</u> gês olíges.*). Traduzimos o καί (*kaí*) como partícula alternativa (ou) em lugar de conjunção aditiva (e), mas o sentido é precisamente o mesmo, pois Aristóteles compara os elementos mais leves (ar, fogo) com os mais pesados (água, terra), o que pode ser par com par (ou seja, dois a dois), ou isoladamente (um a um). Negritos e destaques nossos.

655. No texto de D. J. Allan, o capítulo 3 inicia-se aqui.

3

NOSSA EXPOSIÇÃO PRINCIPIA por uma questão que se revelou, para alguns, especialmente embaraçosa, qual seja, porque entre os corpos alguns se movem sempre e naturalmente segundo um movimento ascendente, outros se movem segundo um movimento descendente, e outros ainda realizam ambos esses movimentos; em
20 seguida a abordagem é a do pesado e do leve, das *propriedades que os afetam*[656] e da causa de cada uma delas.

No que diz respeito ao movimento de cada coisa para o lugar que lhe é próprio, considere-se o mesmo que foi considerado em relação aos outros tipos de *geração (vir a ser) e mudança*.[657] *Os movimentos*[658] são de três tipos: *segundo a grandeza*,[659] *segundo a forma*,[660] *segundo*
25 *o lugar*,[661] em cada um deles a mudança ocorrendo a partir de contrários para contrários e para intermediários. Uma coisa não muda por acaso em alguma coisa mais; de modo semelhante, não é por acaso a relação de qualquer motor [com seu objeto movido], mas como o alterável é distinto do aumentável, o que produz alteração (mudança) é distinto do que produz aumento. De modo idêntico
30 devemos supor no caso da locomoção, ou seja, a relação entre *motor e móvel não é por acaso*.[662] É de se supor, então, que há uma equivalência entre o que produz o movimento ascendente e o descendente e o que produz o peso e a leveza; que o móvel é o pesado ou o leve em potência; que o movimento individual [das coisas] rumo aos lugares que lhes são próprios é o movimento rumo às formas que lhes

---

656. ...παθημάτων... (*pathemáton*).

657. ...γενέσεις καὶ μεταβολάς. ... (*genéseis kaì metabolás.*).

658. ...κινήσεις... (*kinéseis*). Notar que o conceito de κίνησις (*kínesis*) é mais amplo do que aquele de μεταβολή (*metabolé*) e o abrange.

659. ...κατὰ μέγεθος, ... (*katà mégethos,*), ou seja, a mudança de tamanho: o aumento (crescimento) ou a diminuição (decrescimento).

660. ...κατ᾽ εἶδος, ... (*kat᾽ eîdos,*), ou seja, a mudança de forma, a transformação.

661. ...κατὰ τόπον, ... (*katà tópon,*), ou seja, a mudança de lugar, o deslocamento, a locomoção.

662. ...κινητικὸν καὶ κινητὸν οὐ τὸ τυχὸν εἶναι τοῦ τυχόντος. ... (*kinetikòn kaì kinetòn oy tò tykhòn eînai toŷ tykhóntos.*).

310b1 são próprias. (Com isso interpretamos melhor o adágio dos antigos, a saber, que *o semelhante move-se para o semelhante*.[663] A propósito, isso não ocorre *em todos os casos*;[664] de fato, se transpuséssemos a Terra para onde a lua atualmente está situada, cada uma das partes da primeira não realizaria um movimento *rumo a ela mesma*,[665] mas rumo ao lugar em que está atualmente. Em termos gerais, quanto às

5 [coisas] semelhantes, indiferenciadas e de um movimento idêntico, é necessariamente o que ocorre, de modo que o lugar para onde se move naturalmente esta ou aquela parte é o lugar do todo. *Como o lugar é o limite daquilo que o cerca*,[666] e todas as coisas que se movem para cima e para baixo têm na qualidade de limites o extremo e o centro, que de algum modo constituem *a forma*[667] do que cercam,

10 então mover-se para o lugar que é próprio é o mesmo que se mover para o semelhante. De fato, os [corpos] *em sucessão*[668] são mutuamente semelhantes, como é o caso da água em relação ao ar, e este em relação ao fogo. A inversão do que se acabou de dizer é possível no que respeita aos [corpos] intermediários, mas não no que respeita aos extremos, como o ar em relação de semelhança com a àgua e esta em relação de semelhança com a terra. A relação do [corpo] mais superior com o que está abaixo é sempre como aquela da for-

15 ma com a matéria; de modo que indagar o porque do movimento ascendente do fogo e aquele do descendente da terra é o mesmo que indagar por que *o curável que se move e muda enquanto curável caminha rumo à saúde, mas não rumo à brancura*.[669] Questões similares poderiam ser levantadas com referência a todos os outros

---

663. ...τὸ ὅμοιον φέροιτο πρὸς τὸ ὅμοιον. ... (*tò hómoion phéroito pròs tò hómoion.*).

664. ...πάντως... (*pántos*).

665. ...πρὸς αὐτήν, ... (*pròs aytén*), quer dizer, rumo ao todo da Terra.

666. ...ἐπεὶ δ᾽ ὁ τόπος ἐστὶ τὸ τοῦ περιέχοντος πέρας, ... (*epeì d᾽ ho tópos estì tò toŷ perièkhontos péras,*).

667. ...τὸ εἶδος... (*tò eîdos*).

668. ...ἑξῆς... (*hexês*), Bekker; ...ἐφεξῆς... (*ephexês*), Guthrie e outros. Mas o sentido das duas palavras é o mesmo.

669. ...τὸ ὑγιαστὸν ἂν κινῆται καὶ μεταβάλλῃ ᾖ ὑγιαστόν, εἰς ὑγίειαν ἔρχεται ἀλλ᾽ οὐκ εἰς λευκότητα. ... (*tò hygiastòn àn kinêtai kaì metabállei hêi hygiastón, eis hygíeian érkhetai all᾽ oyk eis leykóteta.*).

LIVRO IV | 195

20 *alteráveis.*[670] Por outro lado, *o capaz de crescimento,*[671] quando muda enquanto capaz de crescer, não caminha rumo à saúde, mas rumo ao aumento de tamanho. A ocorrência é a mesma em cada caso, a saber, algo muda em qualidade, algo em quantidade, sendo que, no lugar, a [coisa] leve move-se para cima, ao passo que a pesada o faz para baixo. Há, porém, aquilo que parece possuir o *princípio de mudança*[672] pró-
25 prio (quero dizer o pesado e o leve); noutros casos, como naqueles do curável e do capaz de crescimento (aumentável), a mudança provém de algo externo. É de se notar, entretanto, ocasionalmente a mudança por si mesmos até destes últimos, quando, ocorrendo um pequeno movimento exterior, caminham respectivamente um para a saúde e o outro para o aumento de tamanho. Ademais, uma mes-
30 ma coisa é curável e suscetível de doença, de modo que é movida *enquanto* curável para a saúde e *enquanto* suscetível de doença para a doença. Todavia, o pesado e o leve, comparativamente a essas últimas [coisas], revelam mais esse princípio,[673] na medida em que há maior proximidade, no que se refere à sua matéria, da substância. O fato de a locomoção ter a ver com coisas independentes e na *geração (vir a*
311a1 *ser)*[674] ocupar a última posição entre os movimentos o indica, de tal modo que *segundo o ser*[675] constitui o primeiro entre os movimentos. Sempre que o ar passa a existir (é gerado) a partir da água e o leve a partir do pesado, ele efetua uma progressão ascendente [e quando atinge o ponto mais alto] é imediatamente leve e deixa de *vir a ser,* e *é.* Evidencia-se que em *potência*[676] ele progride para a *realização,*[677]

---

670. ...ἀλλοιωτά. ... (*alloiotá.*).

671. ...τὸ αὐξητὸν... (*tò ayxetòn*), o crescível, o aumentável.

672. ...ἀρχὴν τῆς μεταβολῆς... (*arkhèn tês metabolês*).

673. Ou seja, o princípio do movimento.

674. ...γενέσει... (*genései*).

675. ...κατὰ τὴν οὐσίαν... (*katà tèn oysían*).

676. ...δυνάμει... (*dynámei*).

677. ...ἐντελέχειαν... (*entelékheian*), termo empregado por Aristóteles intercambiavelmente com ἐνέργεια (*enérgeia*), ato. A tendência do Estagirita, ao menos a partir do Livro IX da *Metafísica*, é dar preferência ao segundo termo, articulando o par em contraposição (conceitos fundamentais no pensamento aristotélico) ato/potência (ἐνέργεια/δύναμις [*enérgeia/dýnamis*]). Ver *Metafísica*, Livro IX, capítulo 1, 1045b35.

196 | DO CÉU

5 o que corresponde a atingir o lugar, a quantidade e a qualidade próprios da realização. O que já é realmente terra e fogo, por força de idêntica razão e na ausência de qualquer impedimento, se move rumo ao lugar que lhe é próprio. Também se põe em imediato movimento, na ausência de qualquer obstrução, *a alimentação*,[678] bem como o curável, sempre que não for objeto de retenção. E o motor

10 é tanto o produtor da coisa a partir do princípio quanto o supressor daquilo que obsta seu movimento, ou aquilo em que ela repercutiu, como foi dito em nossas primeiras discussões, quando indicamos que nenhuma dessas coisas *move a si mesma*.[679]

Ficou explicado causa do movimento de cada uma das coisas dotadas de movimento local, e o que é o movimento de algo para o lugar que lhe é próprio.

4

15 TRATA-SE AGORA DE ABORDAR suas diferenças e as propriedades que lhes dizem respeito. Comecemos, contando com um fato que se revela a todos, por designar como absolutamente pesado [o corpo] que se acomoda abaixo de todos os demais, e como absolutamente leve aquele que vem à superfície, acima de todos os demais. Entendo por *absolutamente*[680] o que diz respeito ao gênero e aos [corpos] que não admitem ambas as determinações. Por exemplo, é eviden-

20 te que o fogo, independentemente da quantidade, move-se para cima se não topar com alguma barreira, o mesmo ocorrendo com a terra no seu movimento para baixo; sendo a quantidade maior, o movimento seria o mesmo, porém a velocidade seria superior. Quanto a [corpos] que possuem ambas as determinações, é num outro sentido que são pesados ou leves. Há os que vêm à superfície acima de outros, enquanto há os que se acomodam abaixo de ou-

---

678. ...ἡ τροφή, ... (*he trophé,*).

679. ...ἑαυτὸ κινεῖ. ... (*heaytò kineî.*). A referência é à *Física*, Livro VIII, capítulo 4.

680. ...ἁπλῶς... (*haplôs*).

LIVRO IV | 197

tros, como no caso do ar e da água. Nenhum dos dois é absoluta-
25 mente leve ou pesado, sendo ambos mais leves que a terra (qualquer
parte que se tome aleatoriamente deles busca a superfície dela), ao
passo que são mais pesados que o fogo (ou seja, independentemente da quantidade deles, qualquer de suas partes desce e acomoda-se
abaixo dele); são, entretanto, na sua relação mútua, em termos absolutos, *pesado e leve*;[681] de fato, o ar, independentemente de sua quantidade, sobe à superfície da água, enquanto esta, independentemente de sua quantidade, desce e se acomoda abaixo do ar.

30 Outros [corpos] são dotados de peso ou de leveza, o que evidencia que a causa – na totalidade dos casos – reside *na diferença
dos não compostos*.[682] Como ocorrerá maior quantidade encerrada
de um desses corpos[683] entre si nos primeiros, resultará a leveza
para alguns e o peso para outros. Conclui-se que nos cabe tratar
dos [corpos não compostos]; de fato, os demais acompanham os
35 primários. Aqueles que, com base no pleno, explicam o pesado e
311b1 com base no vazio o leve, como já indicamos, deveriam assim agir.
Portanto, o que deve fornecer a explicação para o fato de corpos
idênticos não parecerem pesados ou leves em todos os lugares é a
diferença presente nos corpos primários. *Quero dizer, por exemplo,
que enquanto no ar um talento de madeira é mais pesado que uma
5 mina de chumbo, na água é mais leve*.[684] A razão para isso é todas
as coisas possuírem peso, exceto o fogo, e todas possuírem leveza,

---

681. ...τὸ μὲν βαρὺ τὸ δὲ κοῦφον; ... (*tò mèn barỳ tò dè koŷphon;*): um pesado enquanto
o outro leve, mas entenda-se que o pesado é a água e o leve é o ar.

682. ...ἐν τοῖς ἀσυνθέτοις διαφορά... (*en toîs asynthétois diaphorá*): corpos não compostos, ou seja, simples.

683. Ou seja, dos corpos não compostos.

684. ...λέγω δ᾿ οἷον ἐν μὲν ἀέρι βαρύτερον ἔσται ταλαντιαῖον ξύλον μολίβδου
μναϊαίου, ἐν δὲ ὕδατι κουφότερον... (*légo d' hoîon en mèn aéri barýteron éstai talantiaîon xýlon molíbdoy mnaïaíoy, en dè hýdati koyphóteron*). Ο τάλαντον
(*tálanton*), talento, e a μνᾶ (*mnâ*), mina, eram tanto medidas de peso quanto
monetárias, havendo uma vinculação necessária entre ambos os aspectos. Aqui,
evidentemente, Aristóteles, no seu exemplo, abstrai o valor propriamente mone-
tário, pois está pensando em peso e leveza. De qualquer modo, é preciso levar em
conta a correspondência entre o talento e a mina. Especificamente em Atenas, que
é o referencial do Estagirita, o talento era o peso correspondente a 60 minas (cerca
de 26 kg). Cada mina correspondia a 100 dracmas (cerca de 45 g).

198 | DO CÉU

exceto a terra. Esta e todos os [corpos] compostos majoritariamente dela possuem necessariamente e por toda parte peso, enquanto
a água possui peso por toda parte, menos na terra; quanto ao ar,
apresenta peso se não estiver na água ou na terra. Todo [corpo],
com efeito, no seu próprio lugar,[685] salvo o fogo, possui peso, o que
10   inclui o ar. O fato de um *odre*[686] cheio ter um peso superior ao de
um vazio é indicativo disso. Em consonância com isso, havendo
num [corpo] mais ar do que terra e água, é possível para ele, estando na água, ser mais leve que um certo outro [corpo], embora,
estando ele no ar, fosse mais pesado do que [esse corpo]. De fato,
ainda que não suba à superfície do ar, ele sobe à superfície da água.

A existência do absolutamente leve e do absolutamente pesado
15   impõe-se como evidente com base no que se segue. Por absolutamente leve quero dizer aquilo que, por natureza, move-se sempre
para cima, enquanto por absolutamente pesado aquilo que, por natureza, move-se para baixo, isto se não sofrerem um impedimento.
[Corpos] desses tipos efetivamente existem, não sendo, como alguns creem, a saber, que todas as coisas possuem peso.[687] Há outros
que admitem conosco que existe o relativamente pesado e que seu
movimento é sempre centrípeto. E existe o leve nos mesmos termos.
20   De fato, vimos anteriormente que *os [corpos] terrestres*[688] descem e
acomodam-se abaixo dos demais, realizando um movimento centrípeto. O centro, todavia, é determinado. Se existe, nesse caso, um
[corpo] que sobe à superfície de todos os demais, como é manifesta-
do pelo fogo, inclusive no próprio ar, num movimento ascendente,
a despeito da permanência em repouso do ar, fica claro que [esse
corpo] move-se para o extremo. Não é possível, consequentemente,
25   que possua peso, pois no caso de possuí-lo ele se acomodaria sob um
outro [corpo], o que, por sua vez, determinaria a existencia de
um outro [corpo] em movimento rumo ao extremo, o qual subiria
à superfície de todos os [corpos] em movimento. Ora, a observação

---

685. ...ἐν τῇ αὐτοῦ γὰρ χώρᾳ... (*en têi haytoŷ gàr khórai*).

686. ...ἀσκὸς... (*askòs*): espécie de saco geralmente confeccionado de couro caprino
para acondicionamento de líquidos, sobretudo o vinho.

687. Ou seja, peso relativo.

688. ...τὰ γεηρὰ... (*tà geerà*).

LIVRO IV | 199

não nos revela nada nesse sentido. Conclui-se que o fogo é destituído de peso, e a terra destituída de leveza, uma vez que se acomoda abaixo de todos [os corpos], e o que é assim acomodável move-se para o centro. De várias maneiras pode-se esclarecer a existência de
30 um centro rumo ao qual [os corpos] pesados se movem e do qual os [corpos] leves se afastam; para começar, o movimento de uma coisa ao infinito não é possível. Tal como aquilo que é impossível não é (não existe), também não vem a ser. Bem, a locomoção é um vir a ser de um lugar para outro. Ademais, a observação nos revela que são compostos ângulos iguais pelo fogo em seu movimento ascendente
35 e pela terra e todos os [corpos] pesados em seu movimento descen-
312a1 dente. Consequentemente, este movimento[689] é necessariamente centrípeto. (Se eles se movem *rumo ao centro da Terra ou rumo ao universo*[690] – até porque são coincidentes –, é uma questão que diz respeito a outro estudo.) Como aquilo que desce e se acomoda abaixo de todas as outras coisas move-se de maneira centrípeta, necessariamente aquilo que sobe à superfície de todas as outras coisas
5 move-se rumo ao extremo do lugar no qual se produz seu movimento. De fato, o centro é o oposto do extremo, como o que sempre desce e se acomoda abaixo dos demais [corpos] é o oposto do que sobe à superfície dos demais [corpos]. A existência da dualidade peso/leveza, portanto, revela-se razoável por conta da dualidade dos lugares, nomeadamente o centro e o extremo. Existe, contudo, entre eles o intermediário que, em relação a cada um deles, ostenta o nome do
10 outro. Com efeito, o intermediário, situado entre ambos, é em um certo sentido extremo e centro. Isso explica a existência de algum outro tipo de coisa pesada e leve, *como a água e o ar.*[691]

Outra afirmação a fazermos é a de que *aquilo que contém*[692] diz respeito à forma, enquanto *aquilo que é contido*[693] diz respeito à ma-

---

689. Ou seja, o movimento descendente dos corpos pesados.

690. ...πρὸς τὸ τῆς γῆς μέσον ἢ πρὸς τὸ τοῦ παντός, ... (*pròs tò tês gês méson è pròs tò toŷ pantós,*).

691. ...οἷον ὕδωρ καὶ ἀήρ. ... (*hoîon hýdor kaì aér.*). Aristóteles referiu-se até aqui especificamente ao fogo e à terra.

692. ...τὸ μὲν περιέχον... (*tò mèn periékhon*).

693. ...τὸ δὲ περιεχόμενον... (*tò dè periekhómenon*).

téria. Essa *diferenciação*[694] existe *em todos os gêneros*.[695] Na qualida-
15 de e na quantidade, uma coisa tem a ver mais com a forma, enquanto outra tem mais a ver com a matéria. Isso vale igualmente para o
lugar, ou seja, o acima diz respeito ao *determinado*,[696] e o abaixo diz
respeito à matéria. Por conseguinte, na matéria que é própria ao
pesado e ao leve, encontramos a matéria do pesado devido a uma
de suas potências, e a matéria do leve devido a outra. Trata-se da
mesma matéria, mas seu ser é diferente, como no caso *do enfermiço*
20 *e do curável*.[697] O ser não é idêntico, de modo que a essência da enfermidade é distinta da essência da saúde.

5

CONCLUI-SE QUE [OS CORPOS] compostos de matéria de um
tipo são leves e sempre realizam o movimento ascendente; aqueles compostos de matéria do tipo oposto são pesados e realizam
sempre o movimento descendente. Há, entretanto, uma classe de
corpos que são compostos de matéria distinta da que compõe
[os corpos acima]; seu comportamento, porém, na sua relação mú-
25 tua é o mesmo que apresentam em termos absolutos aqueles corpos, além do que seu movimento é ascendente e descendente. O ar
e a água, por conta disso, são, cada um por sua vez, leves e pesados, a água descendo e se acomodando abaixo de todas as coisas
e o ar subindo à superfície de todas as coisas, disso excluindo apenas o fogo. Considerando-se a existência de um único [corpo][698]

---

694. ...διάστασις... (*diástasis*).

695. ...ἐν πᾶσι τοῖς **γένεσιν**... (*en pâsi toîs **génesin***). Embora tenhamos traduzido por
gêneros, entendemos, como Guthrie, que o Estagirita está aludindo às categorias,
como é comprovado na imediata sequência. Negritos nossos.

696. ...ώρισμένου, ... (*horisménoy,*).

697. ...τὸ νοσερὸν καὶ τὸ ὑγιαστόν. ... (*tò noseròn kaì tò hygiastón.*).

698. Como de costume, Aristóteles refere-se implicitamente a um dos quatro corpos
elementares da região sublunar.

LIVRO IV | 201

em ascensão à superfície de todos os demais e um outro único em descida e acomodação sob todos os demais, impõe-se necessariamente a existência, além disso, de dois outros que tanto descem e se acomodam sob todos os outros quanto sobem à superfície de
30 todos os outros. Disso resulta que o número de matérias é necessariamente o mesmo dos tais corpos, ou seja, *quatro*,[699] ainda que – sustentamos – exista [uma matéria] comum a todos, particularmente se virem a ser por geração mútua, mas *o ser diferente*.[700] Não
312b1 há nenhum impedimento de o intermediário entre os contrários ser *uno ou múltiplo como nas cores*.[701] *O intermediário e o meio, com efeito, possuem muitos significados*.[702]

Individualmente, se forem dotados de peso e leveza, [os corpos] possuem peso em seu próprio lugar (quanto à terra, possui peso
5 em todos os lugares); leveza, contudo, só a possuem nas coisas a cuja superfície sobem. Isso explica porque esses [corpos], quando têm seu apoio suprimido, movem-se em sentido descendente para o lugar imediatamente sucessivo, isto é, o ar para o lugar da água, a água para o lugar da terra. O ar, todavia, na hipótese da supressão do fogo, não executará um movimento ascendente rumo ao lugar do fogo, a não ser que isso ocorra por imposição de força, como quan-
10 do a água se deixa conduzir toda vez que sua superfície está amalgamada, e a *sucção para cima*[703] acontece mais rapidamente do que o movimento descendente; tampouco a água se dirigirá em movimento ascendente para o lugar do ar, salvo do modo que acabamos de indicar. A terra não experimenta isso, visto que sua superfície não é amalgamada. Isso explica porque a água é objeto de sucção ascendente rumo ao interior de um recipiente sob a ação do fogo, ao passo que a terra não. Quando o ar sob o fogo é suprimido, tal
15 como a terra não se move para cima, também o fogo não se move para baixo; de fato, o fogo, mesmo em seu próprio lugar, carece de

---

699. ...τέτταρας, ... (*téttaras,*).

700. ...τὸ εἶναι ἕτερον. ... (*tò eînai héteron.*).

701. ...ἓν καὶ πλείω, ὥσπερ ἐν χρώμασιν... (*hèn kaì pleío, hósper en khrómasin*).

702. ...πολλαχῶς γὰρ λέγεται τὸ μεταξὺ καὶ τὸ μέσον. ... (*pollakhôs gàr légetai tò metaxỳ kaì tò méson.*). Ver notas 74 e 76.

703. ...σπάσῃ τις ἄνω... (*spásei tis áno*).

202 | DO CÉU

peso, como a terra de leveza. Entretanto, no caso da supressão de seu apoio, os dois outros [corpos] movem-se para baixo; isto porque o [corpo] que desce e se acomoda abaixo de todos os demais é o absolutamente pesado, e o que desce até o lugar que lhe é próprio ou até o lugar dos [corpos] acima de cuja superfície ele se mantém é o relativamente pesado. Isso é determinado pela similaridade da matéria.

20 *A necessidade de conceber tantas quantas diferenças [de matéria] quanto [de corpos elementares] é evidente.*[704] Uma matéria singular indiscriminadamente para todos, por exemplo, o vazio ou o pleno, ou a grandeza ou os triângulos, determinaria o movimento de todas as coisas [alternativamente] para cima ou para baixo, com o que o outro movimento deixaria de existir.[705] Assim, se toda superioridade do ponto de vista do peso decorre da maior dimensão, ou do maior nú-

25 mero dos corpos componentes, ou da *plenitude*,[706] não existirá mais o absolutamente leve (de fato, tanto observamos como demonstramos que, tal como existem coisas a se moverem invariavelmente em todas as partes em sentido descendente, existem igualmente aquelas a se moverem em sentido ascendente). *No caso de tratar-se do vazio ou coisa semelhante a se mover invariavelmente em sentido ascendente, não existirá algo a se mover invariavelmente em sentido descendente.*[707] E os [corpos] intermediários mover-se-ão para baixo com maior ce-

30 leridade do que a terra; *de fato, existirá maior número de triângulos, ou sólidos ou partes diminutas numa grande quantidade de ar.*[708] O que se revela, contudo, é que nenhuma parte de ar se move em sentido descendente. Igualmente no que se refere ao leve, na hipótese da leveza depender da superioridade da matéria.

---

704. ...Ὅτι δ᾽ ἀναγκαῖον ποιεῖν ἴσας τὰς διαφορὰς αὐτοῖς, δῆλον. ... (*Hóti d᾽ anagkaîon poieîn ísas tàs diaphoràs aytoîs, dêlon.*).

705. Ou seja, se houvesse uma matéria única haveria necessariamente um movimento único.

706. ...πλήρη... (*plére*), o pleno.

707. ...ἐὰν δὲ τὸ κενὸν ἤ τι τοιοῦτον ὃ ἀεὶ ἄνω, οὐκ ἔσται το ἀεὶ κάτω. ... (*eàn dè tò kenòn é ti toioŷton hò aeì áno, oyk éstai to aeì káto.*).

708. ...ἐν γὰρ τῷ πολλῷ ἀέρι τρίγωνα πλείω ἤ τὰ στερεὰ ἤ τὰ μικρὰ ἔσται. ... (*en gàr tôi pollôi aéri trígona pleío è tà stereà è tà mikrà éstai.*).

LIVRO IV | 203

No caso de existirem duas [matérias], como explicar um com-
313a1 portamento dos intermediários equivalente àquele do ar e da água?
(Imaginando, por exemplo, que são o vazio e o pleno, concluímos
que é por ser vazio que o fogo se move em sentido ascendente,
e que é por ser pleno que a terra se move em sentido descendente. Enquanto o ar contém grande quantidade de fogo, a água contém uma grande de terra.) [Nessa linha de raciocínio] existirá uma
quantidade de água que conterá, comparada a uma modesta quantidade de ar, mais fogo e, comparada a uma modesta quantidade
5 de água, uma grande quantidade de ar com maior teor de terra;
a decorrência disso será alguma quantidade de ar mover-se para
baixo a uma velocidade maior, se comparada a uma modesta quantidade de água. Revela-nos a observação não ser isso absolutamente
o que ocorre. Impõe-se, portanto, o seguinte: tal como o fogo, por
conta de certa característica – digamos o vazio (que não é possuído
por outros corpos) – move-se para cima, enquanto a terra, dotada
da característica da plenitude, realiza o movimento descendente,
acontece de o ar mover-se na direção do [lugar] que lhe é próprio
10 *e acima da água*,[709] por possuir uma característica própria; quanto à água, [move-se] em sentido descendente, por possuir também
algo que lhe é peculiar. Se, de fato, é uma única [matéria] que diz
respeito a ambos,[710] ou se são duas [matérias] que lhes dizem respeito, mas ambas estando presentes em cada um deles, é possível que
existisse para cada um desses [elementos] uma determinada quantidade a permitir que a água, graças a um movimento ascendente,
excedesse uma modesta quantidade de ar, e este, graças a um movimento descendente, excedesse uma modesta quantidade de água,
como o dissemos muitas vezes.

---

709. ...καὶ ἀνώτερον τοῦ ὕδατος, ... (*kaì anóteron toŷ hýdatos,*).

710. Ou seja, o ar e a água.

6

Os MOVIMENTOS PURA E SIMPLESMENTE descendente ou ascen-
15 dente não têm como causa as *formas*[711] [dos corpos], sendo estas
sim causa da maior rapidez ou lentidão desses movimentos. *Essas
causas são facilmente visíveis.*[712] *Agora a dificuldade está no porque os
pedaços chatos de ferro ou de chumbo flutuam sobre a água,*[713] quando
outros, que são menores e de peso inferior, caso sejam *arredonda-
dos ou alongados, como a agulha, movem-se para baixo;*[714] e por que
20 algumas coisas, como *o pó de ouro,*[715] e outras partículas terrosas e
de poeira flutuam no ar devido à sua pequenez. Adotar, no tocante
a todas essas coisas, a explicação proposta por Demócrito não é o
correto. O que ele afirma, com efeito, é que [corpos] largos dotados
de peso são sustentados por partículas de calor em ascensão a partir
313b1 da água; quanto aos estreitos, dispersam-se porque sofrem a oposição de poucas dessas partículas. De fato, como objeta o próprio
defensor dessa opinião, essas partículas deveriam atuar mais no ar.
Objeção feita, mas respondida precariamente. Segundo ele, não é
para uma única direção que *se dirige*[716] *o impulso;*[717] por impulso ele
5 quer dizer o movimento dos corpos de movimento ascendente.

---

711. ...σχήματα... (*skhémata*).

712. ...δί ᾶς δ᾽ αἰτίας, οὐ χαλεπὸν ἰδεῖν... (*di'hàs d'aitías, oy khalepòn ideîn*).

713. ...ἀπορεῖται γὰρ νῦν διὰ τί τὰ πλατέα σιδήρια καὶ μόλιβδος ἐπιπλεῖ ἐπὶ τοῦ ὕδατος, ...
(*aporeîtai gàr nŷn dià tí tà platéa sidéria kaì mólibdos epipleî epì toŷ hýdatos,*).

714. ...στρογγύλα ἢ μακρά, οἷον βελόνη, κάτω φέρεται; ... (*strongýla è makrá, hoîon
belóne, káto phéretai;*).

715. ...τὸ ψῆγμα... (*tò psêgma*).

716. ...ὁρμᾶν... (*hormân*). O verbo ὁρμάω (*hormáo*) significa, entre outras coisas,
genericamente pôr em movimento, desencadear movimento rápido, impelir, impulsionar; mas além de verbo transitivo, é intransitivo: pôr-se em movimento,
impulsionar-se, lançar-se. O sentido aqui é mais restrito e não o sentido genérico
conceitualmente semelhante ao termo laconiano extraído de Demócrito. Ver nota
seguinte.

717. ...τὸν σοῦν; ... (*tòn soŷn;*). Este substantivo, aparentado ao verbo σεύω (*seýo*),
impulsionar para frente, avançar celeremente, precipitar, é considerado por Platão
como sendo um termo laconiano, isto é, não o grego da Ática, região de Atenas, mas
palavra originária da Lacedemônia (Esparta). Ver *Crátilo*, 412b.

LIVRO IV | 205

O fato de certos [corpos] contínuos se prestarem mais facilmente à divisão do que outros, constituindo igualmente divisores de grau variável de eficácia, está a nos indicar onde devemos supor que se encontram as causas. Aquilo que é fácil de ser limitado determina aquilo que é de fácil divisibilidade, esta aumentando proporcionalmente à facilidade com respeito à limitação. Essa característica é mais do ar
10 do que da água, e mais da água do que da terra. Ademais, quanto a cada gênero, ocorrerá *divisão e fragmentação mais fáceis*[718] no caso da quantidade inferior. A conclusão é que os [corpos] largos, pelo fato de contarem abaixo de si com muita superfície e com uma quantidade maior que não é *facilmente*[719] fragmentável, permanecem [em seu lugar].[720] No que diz respeito aos [corpos] de formas contrárias, por
15 contarem com pouca superfície, facilmente fragmentável, *movem-se para baixo.*[721] Como o ar é de divisão mais fácil do que a água, isso ocorre muito mais nele do que nela. *Visto que o peso possui uma certa força que [produz] movimento descendente, e os contínuos uma resistência à fragmentação, tem que haver mútuo confronto entre elas.*[722] No caso da força do peso superar a resistência oferecida no contí-
20 nuo à fragmentação e à divisão, o resultado será forçar [o corpo] a um célere movimento descendente; *no caso de ser mais fraca, ele permanecerá na superfície.*[723]

No tocante ao pesado, ao leve, e às propriedades que lhes cabem eis o modo como os explicamos.

---

718. ...εὐδιαιρετώτερον καὶ διασπᾶται... (*eydiairetóteron kaì diaspâtai*).

719. ...ῥᾳδίως... (*raidíos*).

720. Ou seja, no caso da superfície da água, flutuam.

721. ...φέρεται κάτω. ... (*phéretai káto.*), isto é, no caso da superfície da água, afundam.

722. ...ἐπεὶ δὲ τό τε βάρος ἔχει τινὰ ἰσχὺν καθ᾽ ἣν φέρεται κάτω, καὶ τὰ συνεχῆ πρὸς τὸ μὴ διασπᾶσθαι, ταῦτα δεῖ πρὸς ἄλληλα συμβάλλειν. ... (*epeì dè tó te báros ékhei tinà iskhỳn kath' hèn phéretai káto, kaì tà synekhê pròs tò mè diaspâsthai, taŷta deî pròs állela symbállein.*).

723. ...ἐὰν δὲ ἀσθενεστέρα ᾖ, ἐπιπολάσει. ... (*eàn dè asthenestéra êi, epipolásei.*).